资助项目：贵州省社会发展科技攻关项目（黔科合 SY[2010]3094）
贵州省优秀科技教育人才省长专项资金项目
（黔省专合字[2011]16号）
国家自然科学基金（21767006）

贵州草海高原湿地农业生态环境研究

林昌虎 孙 超 林绍霞 洪 江 编著

科学出版社

北 京

内 容 简 介

本书对地处云贵高原上的贵州草海湿地及其周边的农业生态环境进行了研究，也对草海地区环境污染的主要污染物的种类及分布特征进行了研究，并采用单因子指数法、综合污染指数法和危害物风险系数法、食品安全指数法对草海土壤-作物系统进行了质量安全的评价分析，识别了草海地区环境污染的主要农作物(玉米、马铃薯、蔬菜)的污染源，探明了不同污染物在主要农作物中的富集机制及污染物在土壤-作物系统中的迁移分配规律，总结了草海流域在相关污染物背景条件下的农产品质量特征。本书将为草海地区环境污染控制、生态环境安全及环境可持续发展提供理论依据，提出减少和控制草海农作物污染的有效措施，指导区域农业生产。

本书具有一定专业性和技术性，可供土壤学、生态学、环境科学和农业资源与利用等领域的科技工作者、研究生及本科生等参考，能为相关决策者提供参考。

图书在版编目(CIP)数据

贵州草海高原湿地农业生态环境研究 / 林昌虎等编著. —北京：科学出版社，2020.6

ISBN 978-7-03-065323-9

Ⅰ. ①贵⋯ Ⅱ. ①林⋯ Ⅲ. ①云贵高原-沼泽化地-农业生态-生态环境-研究 Ⅳ. ①S181.3 ②X321.27

中国版本图书馆CIP数据核字(2020)第091087号

责任编辑：罗 静 付丽娜 / 责任校对：严 娜
责任印制：吴兆东 / 封面设计：刘新新

科 学 出 版 社 出版
北京东黄城根北街 16 号
邮政编码：100717
http://www.sciencep.com

北京虎彩文化传播有限公司 印刷
科学出版社发行 各地新华书店经销

*

2020 年 6 月第 一 版 开本：720×1000 B5
2020 年 6 月第一次印刷 印张：10 3/4
字数：216 000
定价：128.00 元
(如有印装质量问题，我社负责调换)

《贵州草海高原湿地农业生态环境研究》
编写人员名单

林昌虎　贵州医科大学　研究员

孙　超　贵州省中国科学院天然产物化学重点实验室　研究员

林绍霞　贵州省分析测试研究院　副研究员

洪　江　贵州科学院　副研究员

张珍明　贵州省生物研究所　研究员

张家春　贵州省植物园　助理研究员

张清海　贵州医科大学　教授

代亮亮　贵州省生物研究所　助理研究员

卫四涛　贵州省六盘水市环保局　工程师

郭　媛　贵州大学　助理研究员

欧阳勇　贵州大学　助理研究员

丁玉娟　贵州大学　助理研究员

序

  湿地是自然界的"物种基因库""淡水之源""储碳库",更是人类文明的"摇篮",被称为"地球之肾"和"地球之肺"。它既是一种独特的自然资源,又是一种重要的生态环境。湿地与海洋、森林并称为全球三大生态系统。良好的湿地生态环境,具有强大的生态调控功能,表现出健全的自我净化能力,发挥着降解污染物质、蓄水保墒和维护生物多样性等多种功能,对调节气候变化发挥着十分重要的作用。

  为了改善湿地的生态环境质量,党中央、国务院高度重视湿地生态环境的治理工作,尤其是党的十八大以来,积极采取了一系列切实可行的湿地治理措施。圆满完成了《全国湿地保护工程"十二五"实施规划》的目标,又制定了《全国湿地保护"十三五"实施规划》,2015 年实施的《环境保护法》将湿地作为法律调整的独立环境要素进行立法确定,提高了湿地保护的立法地位,2016 年国务院办公厅印发了《湿地保护修复制度方案》(国办发〔2016〕89 号),进一步凸显湿地保护的重要地位。

  草海是贵州省最大的天然高原淡水湖泊,与青海湖、滇池著称中国三大高原湖泊。草海湿地作为国家湿地的重要组成部分,是我国乃至全球都少有的、典型的亚热带喀斯特高原湿地生态系统。草海也是国家一级保护动物——黑颈鹤的重要越冬场地,每年有 10 万余只鸟类在此栖息繁殖和越冬,候鸟总数占据全国六分之一以上。草海湿地自然资源十分丰富,蕴藏着巨大的生态价值、经济价值和社会价值,是云贵高原生态安全的重要屏障,对维护长江水系上游具有十分重要的作用。然而,由于受地理位置、当地社会经济发展水平、历史原因等因素的影响,贵州草海湿地曾一度遭到严重破坏,面临着严峻的生态环境问题,从而威胁着鸟类等生物的生存安全,湿地资源的保护工作也面临着巨大挑战,制约着地方经济的发展。2015 年 10 月,国家发改委批复同意《贵州草海高原喀斯特湖泊生态保护与综合治理规划》,将草海湿地生态环境治理上升到国家战略层面。当前,结合全国生态文明建设、建设美丽中国等的要求,贵州正大力推进草海湿地生态环境综合治理工作,并积极组织申报草海列入国际重要湿地名录,正在等待国际相关组织审核。

  本书的著者带领其研究团队 10 多年来一直致力于贵州草海高原湿地环境现状调查及污染防治工作,进行了大量样本分析,获取了宝贵详实的第一手试验数据，为广泛共享科研技术经验及研究成果，遂将其梳理编撰成册。本书汇集了编著者及其研究团队的代表性成果，具有较强的学术性和实用性，可以说是湿地环境保护领域不可多得的资料文献。希望本书的出版能强化社会各界人士对湿地生态环境的保护意识，为广大从事湿地生态环境研究的科技工作者及政策制定的管理者提供参考。

何力 教授

贵州省人大副主任

2020 年 5 月

目 录

引言 ··· 1

第1章 草海高原湿地概述 ·· 3
1.1 草海自然环境 ·· 3
1.1.1 历史沿革 ·· 3
1.1.2 自然环境 ·· 4
1.1.3 地质地貌 ·· 5
1.1.4 气候特征 ·· 5
1.1.5 土壤 ··· 6
1.1.6 水文条件 ·· 7
1.2 草海生态资源 ·· 8
1.2.1 植物 ··· 8
1.2.2 动物 ··· 9
1.2.3 旅游资源 ·· 10
1.2.4 矿产资源 ·· 11
1.3 草海主要生态环境问题 ·· 11
1.3.1 水环境污染 ·· 11
1.3.2 大气环境污染 ·· 12
1.3.3 水土流失与湖泊淤积 ··· 12
1.3.4 生物入侵与生物多样性减少 ······························ 13

第2章 草海湿地主要污染源 ··· 14
2.1 草海湿地土壤主要污染源 ··· 14
2.1.1 农业生产物资的施用 ··· 14
2.1.2 对草海周边不合理的开发建设 ··························· 15
2.2 草海湿地水体主要污染源 ··· 16
2.2.1 养殖业排放 ·· 16
2.2.2 生活污水 ·· 17
2.2.3 堆积的固体废弃物 ··· 18
2.2.4 旅游业产生污染 ··· 18
2.3 重金属危害及污染评价 ·· 19
2.3.1 重金属危害性评价 ··· 19

		2.3.2 潜在生态危害指数的基础条件···19
		2.3.3 湖泊沉积物中重金属污染评价方法···20
第3章	草海沉积物的环境质量特征···23
	3.1	沉积物样本的采集与制备···23
	3.2	草海沉积物中碳、氮、磷分布特征···24
		3.2.1 草海沉积物中 TOC 含量及分布特征······································25
		3.2.2 草海沉积物中氮、磷含量及分布特征·····································27
		3.2.3 草海沉积物中营养元素的来源分析···30
		3.2.4 草海沉积物中 TOC、TN 和 TP 污染评价·································34
	3.3	沉积物中重金属元素的时空分布特征···35
		3.3.1 草海沉积物中重金属含量状况···36
		3.3.2 草海沉积物中重金属的时空分布特征·····································37
		3.3.3 草海沉积物中重金属含量的聚类分析·····································42
		3.3.4 草海沉积物中重金属污染评价···43
	3.4	草海沉积物中 OCP 的时空分布特征···48
		3.4.1 草海沉积物中 OCP 含量状况···49
		3.4.2 草海沉积物中 OCP 的时空分布特征···49
		3.4.3 草海沉积物中 OCP 来源分析···50
		3.4.4 草海沉积物中 OCP 污染评价···51
第4章	草海高原湿地水环境质量研究···53
	4.1	样品的采集与制备···53
		4.1.1 水样采集···53
		4.1.2 水样中各指标的测定···54
		4.1.3 评价方法···57
	4.2	水体污染特征分析···59
		4.2.1 各水质指标的动态变化···59
		4.2.2 水质空间变化特征分析···60
		4.2.3 贵州草海水质评价···62
		4.2.4 评价结果分析···78
	4.3	草海水质污染指标关联度分析···80
		4.3.1 灰色关联分析···80
		4.3.2 灰色关联分析模型的建立···81
		4.3.3 灰色关联分析结果···81
	4.4	草海水体污染源分析···82
		4.4.1 水体综合污染特征···82
		4.4.2 草海水环境污染源分析···84

第5章 草海高原湿地土壤环境质量特征分析 85
5.1 技术方法 85
5.1.1 草海土壤资源调查 85
5.1.2 土壤污染评价方法 86
5.1.3 重金属污染评价标准 87
5.2 土壤养分含量特征研究 88
5.2.1 土壤类型及其理化性质 88
5.2.2 不同土地利用类型养分含量差异特征 94
5.2.3 土壤养分空间分布特征 96
5.3 土壤重金属含量特征 97
5.3.1 草海湿地土壤中重金属含量特征 97
5.3.2 草海湿地土壤中重金属污染程度评价 101
5.3.3 土壤重金属潜在生态风险性 102
5.3.4 重金属污染的生态效应特征 104
5.4 草海湿地土壤农药残留特征 105
5.4.1 草海湿地土壤中有机氯农药残留状况 106
5.4.2 草海湿地土壤中 HCH 残留 107
5.4.3 草海湿地土壤中 DDTs 残留 108
5.4.4 作物种植与土壤中 DDTs、HCH 残留特征 108

第6章 草海湿地农作物安全评价 110
6.1 技术方法 110
6.1.1 农作物中重金属含量评价标准 111
6.1.2 农作物中重金属污染评价方法 111
6.2 草海地区不同品种农作物中重金属含量特征及安全评价 112
6.2.1 草海地区不同品种农作物中重金属含量特征 112
6.2.2 草海地区不同品种农作物中重金属超标率、富集系数 112
6.2.3 草海地区不同品种农作物中重金属安全评价 115
6.2.4 草海地区不同品种农作物中重金属元素的相关性分析 117
6.3 草海不同地区农作物中重金属含量特征及安全评价 118
6.3.1 草海不同地区农作物中重金属含量特征 118
6.3.2 草海不同地区农作物中重金属超标率、富集系数 119
6.3.3 草海不同地区农作物中重金属安全评价 121
6.4 土壤-作物系统重金属含量相关关系及影响因素分析 123
6.4.1 土壤-作物系统重金属含量相关关系分析 123
6.4.2 农作物富集系数与土壤 pH 的相关关系分析 123

6.5 农产品中农药含量状况 ································· 124
6.5.1 玉米中有机氯农药残留 ································· 124
6.5.2 马铃薯中有机氯农药残留 ······························ 125
6.6 作物对不同污染物的富集程度分析 ························· 126
6.6.1 重金属富集程度分析 ···································· 126
6.6.2 农药富集程度分析 ······································ 126
6.7 农产品安全风险分析 ··· 127
6.7.1 玉米安全风险分析 ······································ 127
6.7.2 马铃薯安全风险分析 ··································· 128
6.7.3 三种主要蔬菜安全风险分析 ···························· 129

第7章 草海湿地环境承载力研究 ································ 133
7.1 草海湿地环境承载力评价指标的确定及指标体系的建立 ···· 133
7.1.1 指标体系构建的基本原则 ································ 133
7.1.2 评价指标的筛选方法 ···································· 134
7.1.3 评价指标体系的建立 ···································· 134
7.2 草海湿地环境承载力分析 ···································· 137
7.2.1 草海湿地人文环境承载力 ································ 137
7.2.2 草海湿地自然环境承载力 ································ 138
7.2.3 草海湿地旅游环境承载力 ································ 140
7.3 草海湿地综合环境承载力分析 ································ 142
7.3.1 草海湿地环境承载力综合评价 ··························· 143
7.3.2 指标权重的确定 ··· 143
7.3.3 综合环境承载力相对剩余率的计算 ······················ 145
7.3.4 各准则层环境承载力分析 ································ 146
7.3.5 草海区域综合环境承载力 ································ 146

第8章 草海湿地环境污染敏感性区域评价 ························ 148
8.1 草海湿地环境污染敏感性因子 ································· 148
8.1.1 自然环境因子 ·· 148
8.1.2 污染源因子 ·· 148
8.2 草海湿地环境污染敏感性评价方法 ···························· 149
8.2.1 评价因子属性 ·· 149
8.2.2 环境污染敏感性评价步骤 ································ 150
8.2.3 环境污染敏感性评价指标权重 ··························· 151
8.2.4 环境污染敏感性评价因子敏感等级指数 ················· 151
8.2.5 环境污染敏感性等级综合评价 ··························· 152

8.3 评价结果与分析···152
　　8.3.1 单因子敏感性特征··152
　　8.3.2 草海湿地环境污染敏感性综合评价···154

参考文献···156

引 言

　　云贵高原上的草海湿地，地处金沙江支流横江、乌江、北盘江及牛栏江的河源地带，是在碳酸盐形成的喀斯特盆地上积水发育而成的高原湿地。草海位于贵州省西部威宁彝族回族苗族自治县县城西南面，素有"高原明珠"、乌蒙山上一面"明镜"的美称。草海是一个完整、典型的高原湿地生态系统，也是贵州最大的湿地和天然淡水湖泊。草海国家级自然保护区由湿地、农田和森林3个生态系统及村镇聚落环境组成，其独特的气候、良好的自然环境、丰富的鸟类资源具备发展生态旅游的优越条件。其主要以高原湿地生态系统和珍稀鸟类（黑颈鹤）为保护对象，作为西南地区最主要的候鸟越冬栖息地，每年都会有数以万计的珍稀鸟类在此越冬，被誉为世界十大最佳观鸟区之一。早在1992年草海就被列为国家级自然保护区，在"中国生物多样性保护行动计划"中被列为一级重要湿地，是实施生物多样性保护行动计划的重要区域。

　　草海至今形成已20万年左右，虽然面积相对较小，但蕴含着丰富的动植物资源，保存有完整的湿地生态系统功能，因而备受关注。曾几经历史沧桑，充分演绎大自然的沧海桑田与人类利用自然、改造自然的博弈。20世纪70年代出现的"向草海要粮"而发生的填海造田运动，使草海湿地面积锐减，导致区域气候异常、灾害频繁，保护区内的珍稀物种濒临灭绝，这颗璀璨多彩的高原明珠危在旦夕。这一现象引起社会各界的广泛关注，1985年，贵州省建立草海省级自然保护区，开始逐步恢复草海水域，进行综合治理，草海生态环境逐步好转，其高原湿地湖泊生态系统的功能得到复原的机会，相关科研工作也逐步开展，研究和监测一个被破坏了的高原湿地系统的过去、现在与未来，无疑具有重要的科学价值和实际意义。对草海的研究工作可概括为以下三个阶段。

　　第一阶段为20世纪80年代成立自然保护区前，这一时期的研究工作集中在草海形成的古生物环境及地球化学特征、草海环境资源调查等方面，以及对草海保护区内的鹤群及其生活习性、湖泊水生生物资源的调查方面，显示出草海国家级自然保护区（以下称草海自然保护区）丰富的物质资源库，奠定了草海重要的生态功能意义。

　　第二阶段为20世纪80年代中后期至2010年，对草海自然保护区内的生物进行了更细致的分类研究，如对苔藓、水生植物、底栖动物等的调查，进一步丰富了草海的物质资源库作用。贵州科学院在这一时期对草海的研究工作投入了大量科研资源，先后组织 200 多人次对草海动物、植物、浮游生物、底栖生物、土壤和环境背景值进行系统考察与测定，采集了大量标本，获取了大量草海研究的第一手资料，先后出版《草海科学考察报告》《草海研究》2 部专著，为草海后续研究奠定了坚实基础。

第三阶段为 2010 年至，今在草海周边工矿业导致的重金属污染问题突出、土法炼锌引起的环境恶化受到关注的情况下，逐步开展对草海地区重金属的研究，从土壤-作物系统层面研究重金属的污染及富集特征，探索草海湖泊沉积物中重金属区域性污染规律及风险评估，结果显示沉积物中不同重金属分布趋势各有差异，从而认为草海沉积物中重金属具有多源性，重金属污染已对底栖动物的分布产生影响。在这一时期有研究者开始试探性研究区域环境重金属污染的特征，发现水质变化会引起沉积物中汞的甲基化作用。这时对草海水环境保护的工作已开始受到关注。近 5~7 年为草海研究工作的重要阶段，一方面表现在政府对草海特有生态景观保护的重视，另一方面表现在随着城镇建设的发展，对草海的环境胁迫日益增强，草海水域面积减少，急需制定相应政策措施以平衡社会经济发展与生态环境可持续发展的关系。

草海不仅起到涵养水源、调节江河下游水量及维持生态平衡的特殊生态作用，还由于平均水深不足 2m 且水域辽阔、水生植物覆盖度高的特点而有别于云贵高原上众多的岩溶湿地，因而其具有特殊的科研价值，成为我国亚热带地区湿地生态系统研究的重要基地。

本书在对草海的调研过程中收集了大量的图片，感兴趣的读者可扫描下方二维码。

第1章 草海高原湿地概述

湿地是水域和陆地相互作用形成的一类特殊的自然综合体，与森林、海洋并称为全球三大生态系统。湿地具有重要的生态、社会与经济价值，在生物多样性、蓄洪防旱减灾、提供淡水资源、促淤造陆、控制污染和调节气候等方面有独特的作用，被誉为"自然之肾""生命的摇篮""文明的发源地""物种的基因库"。

草海是贵州境内最大的湿地和淡水天然湖泊，在当地的自然和社会环境中有着举足轻重的地位。草海国家级自然保护区由湿地、农田和森林3个生态系统及村镇聚落环境组成，主要以高原湿地生态系统和珍稀鸟类（黑颈鹤）为保护对象。草海气候资源独特，长年气候温和，配之以高原湖泊风光，是生态、民俗旅游、度假、避暑的理想胜地。草海作为西南地区最主要的候鸟越冬栖息地，每年都会有数以万计的珍稀鸟类在此越冬，被誉为"世界十大最佳观鸟区之一"。

1.1 草海自然环境

1.1.1 历史沿革

草海的历史是剧烈变化的历史，据史料记载："威宁县城西、南、北面据有海田，广袤数十里，在昔可耕"。1395年"诏卫兵屯兵其中"，1622年"郡民牧马其中"，可见当时的草海是干涸的盆地。1857年落雨四十昼夜，山洪暴发，夹沙抱木，把盆地大部分落水洞堵塞，水淹盆地，大水涨至城南斗姆阁门外，并以今大桥为界形成南北两海（南海又称东海，是草海的主体部分，北海又称西海、下海子），1860年，水忽大涨，两海遂成一海，名曰草海，草海得以复苏。

复苏后的草海在水温和湿地面积上发生了巨大变化，1958年前，在洪水期间，草海集水区可与相邻的杨湾河、北门河两个集水区水面汇成一体，水域面积达45km^2，湖水水位在不同年份及同一年份不同月份间变化幅度很大。水位大幅度的变化对于一个湿地系统的良性循环十分重要。每年6~7月雨季，常因洪水泛滥而淹没湖滨交通干线及部分农田，形成水害。

1958年，为保障交通、农业生产和国民经济发展的需要，威宁彝族回族苗族自治县（以下简称威宁县）制订了综合治理草海的计划，该计划明确了开发草海的原则和方式，即以蓄洪为主，以排水为辅，综合利用水资源，尽可能照顾到国民经济各部门的利益，于当年实施了排水工程，草海水域面积减少到 31km²，这是人类活动对草海生态环境的首次干预，当这项工程竣工后，草海湖水水位下降约 1.5m，草海、杨湾河、北门河三个集水域的水在汛期不再相连。

1970 年，为了得到更多耕地、解决粮食不足的问题，在威宁县政府的组织下，开始了大规模的排水工程，用两年多的时间，加宽、加深了 1958 年挖掘的排水渠道，炸毁了草海出水口的大桥节制闸，由于地质背景原因，仅开垦出约 280hm² 的农耕地，草海尚存约 5km² 的水面。自此开始，草海人为地消亡了整整 10 年，这次大规模排水造田不仅没有达到预期的效果，还使草海的生态环境遭到严重破坏。

1980 年，贵州省人民政府决定恢复草海水域，设计水位高程为 2171.7m，1982 年水面恢复到 25km²，草海重建蓄水后，水生植物、鱼类、鸟类的种群和数量逐年增加，草海又呈现出一派生机勃勃的景象，1985 年建立省级自然保护区，主要保护对象为完整、典型的高原湿地生态环境和以黑颈鹤为代表的珍稀鸟类。1991 年草海自然保护区管理处控制草海出水口的泄洪闸，修复副堤，防止农民随处开挖排洪渠致使水位下降现象的发生，将草海水位长期稳定控制在 2171.7m，从此，草海水位一直维持这个水平(余未人，2002)。

1.1.2 自然环境

草海地处贵州西部威宁彝族回族苗族自治县县城西南面，位于北纬 26°49′～26°53′、东经 104°12′～104°18′，属长江水系，是金沙江支流横江上游洛泽河的上游湖泊，汇集着周围的雨水及几条发源于泉水的短河，水源补给主要来自大气降水，其次是地下水补给。由于草海是河流的上游湖泊，因而汇入湖区的河流均发源于泉水和短小河流，流量随降水季节的变化而变化，雨季流量增大，干旱季节流量显著减少。

草海集雨面积区域西起西凉山(海拔 2854m)，东至县城东郊羊角山(海拔 2519m)，南至大龙槽梁子(海拔 2490m)，北至营盘山(海拔 2360m)，集雨面积 380km²，年汇水量 800 万～900 万 m³，水资源极为丰富，是贵州高原上最大的天然淡水湖泊，也是云贵高原最重要的湿地生态系统和主要的候鸟越冬地、迁徙中途停栖地之一。

草海自然保护区于 1985 年 2 月由贵州省人民政府批准建立，1992 年经国务院批准晋升为国家级自然保护区，并成为我国第一批生物圈保护区网络成员，1995 年中国生物多样性保护行动计划将草海列为国家 I 级保护湿地，2002 年加入东北亚鹤类网络，其主要保护对象为高原湿地生态系统及以黑颈鹤为代表的珍稀鸟类。

1.1.3 地质地貌

草海湿地位于云贵高原中部，正处于滇东高原向贵州高原过渡的顶点区域，居于乌蒙山脉山丛的腹心部位。在地质结构上草海位于黔西山字型西翼反射弧、威宁—水城大背斜向北弯曲的顶端部位，是一个位于北东向与北西向断裂、褶皱交接复合部位，以石炭系(C)可溶性碳酸盐岩为核心，四周被上二叠统(P_2)及下三叠统(T_1)非可溶性岩所包含的穹状背斜。从地貌上看，草海自然保护区为起伏急剧的高原中山峡谷，且呈阶梯状的高原山原地貌。草海盆地东、南、西三面地势较北面高，尤其西面的张家大山一带地势更高，成为威宁地区的"屋脊"，盆地自中心向北逐渐降低，成为草海湖盆的泄水方向。草海湖盆周围属于高原缓丘(溶丘)，地形平缓开阔，地面起伏极小。由湖盆向外，地貌为高原丘陵盆地，地面起伏较大，区域地层岩性以石炭统(C_1)砂页岩及上石炭统(C_2)碳酸盐岩为主。

区域地貌类型包含溶蚀地貌和湖沼堆积地貌，在溶蚀地貌中，分布有溶蚀缓丘、溶蚀沟谷、溶蚀洼地、漏斗、落水洞和溶洞等微地貌。在草海湖盆地区为湖沼沉积物，湖沼堆积地貌分布在草海—刘家巷子—魏家院子—南屯一线，为湖泊相沉积，湖盆地势平坦开阔，地面起伏较小，相对高差在50m以下，海拔2200～2250m，属于高原缓溶丘地貌。缓丘盆地或洼地彼此连片，第四系覆盖层比较深厚，并在其间形成数层有价值的泥炭资源，是云贵高原上极其珍贵的一颗"明珠"。

岩性多为黏土、粉质黏土、砂土、砾石等，夹黑色泥炭层。在盆地周围的集水区有砂页岩、石灰岩、白云岩、第四纪红色黏土。

1.1.4 气候特征

草海高原湿地在地带性气候上属于亚热带季风气候，由于地势高敞，热量条件较差，因而在贵州气候分类上将其划分为暖温带冬干夏湿季风气候。据观测资料统计，年平均气温10.5℃(图1-1)，年均日照时数1805.4h，年均相对湿度为41%，是贵州光照之冠。年均太阳总辐射量为4698.4kJ/km^2，日照充分，≥10℃的年积温2275℃，无霜期204天。复杂天气有冻雨、冰雹、雷暴、雾等，冻雨主要出现在11月至翌年3月，年平均冻雨日数为49天；冰雹在4～10月均有分布，年平均冰雹日数为1.2天；雷暴在2～11月均有分布，年平均雷暴日数为47天，主要集中在6～8月，占总雷暴天数的57%；年平均有雾日数54天，秋冬两季占79%，以12月和1月出现最多，占全年的47%。年平均降水量950.9mm，是贵州境内降水量最少的地区，且降雨主要集中于夏季(图1-2)，干湿季节明显。多年平均总降水量达950.9mm，枯水期(11月至翌年4月)总降水量只有113.1mm，占全年降水量的12%，而丰水期(5～10月)，降水量占全年降水量的88%。又以5月下旬至7月上旬雨量最多而集中，这对农业生产和旅游产业的发展都是极为有利的条件。

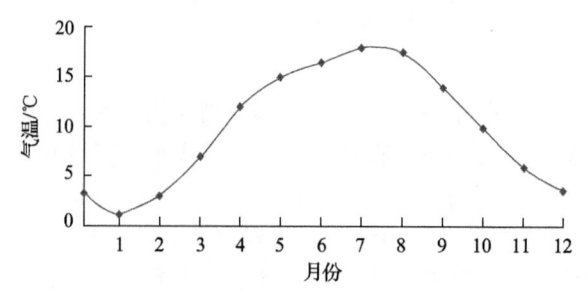

图 1-1　草海气温年变化曲线

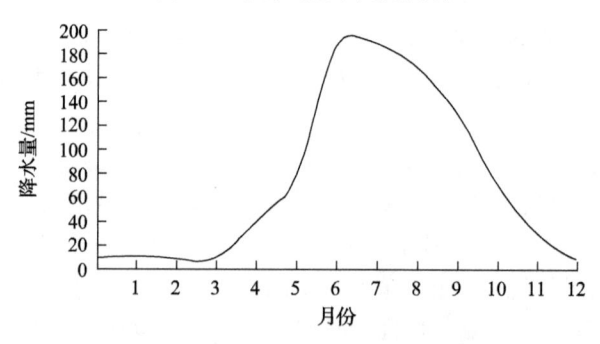

图 1-2　草海全年降水量变化曲线

此外，草海地区多大风，距地面 10.0m 高度年平均风速 4.1m/s，由于县城东南面为槽地，因此风向最多为南东南(SSE)风，其次为北(N)风，年平均大风日数为 31 天，大风天气主要出现在 12 月至翌年 5 月，占全年的 79%。春季多西南干暖大风，加速了土壤水分的蒸发；夏季大风多发生在雷雨天气，且多为偏北大风。

1.1.5　土壤

按中国土壤分类和贵州省土壤分类系统，草海自然保护区的土壤可划分为 3 个土纲 3 个亚纲 4 个土类 5 个亚类(表 1-1)。

表 1-1　草海自然保护区土壤分类(张华海等，2007)

土纲	亚纲	土类	亚类
淋溶土	湿暖淋溶土	黄棕壤	暗黄棕壤
初育土	石质初育土	石灰土	棕色石灰土
		石质土	钙质石质土
水成土	水成土	沼泽土	沼泽土
			泥炭沼泽土

草海高原湿地盆地内的土壤大部分为黄棕壤，具有相对湿度大、淋溶作用强、有机质含量高的特征，土壤质地黏重，通透性较差。土壤剖面棕色，由表层到深

层的物理特征各不相同。0~20cm 的表层土壤为小团粒状的灰棕色轻壤；20~40cm 层面的土壤则为小团粒状的黄棕色轻壤；40~100cm 层面的土壤则为块状的灰棕色重壤。此外，土壤 pH 为 5.0~6.0，呈较大的酸度。湖泊周边及邻近区域，土壤则发育成湖泊沼泽土，多数已被开垦为优良肥沃的旱地作物土壤。而在盆地的一些低洼地区，过去曾是湖泊湿地的沼泽土，后因湖水干涸和人类耕作，现已成为肥沃的农耕地。在常年被湖水淹没的盆地淤泥地带，发育的则是泥炭化的沼泽土，这是草海湿地生态系统的重要组成部分，是候鸟活动的重要生境。在湖盆区域或靠近湖盆区，土壤土层深厚，熟化程度较高，土壤肥沃，保水保肥能力较强，现已成为湖区高产耕作土，草海湖盆已成为威宁县最大的富饶农业基地。

依据腐殖质积累和潜育过程的差异，草海沼泽土可分为淤泥沼泽土、腐殖质沼泽土、泥炭腐殖质沼泽土和泥炭沼泽土等 4 种类型（表 1-2）。沼泽土在空间上呈环带状分布，自草海古湖滨—现代湖滨带(含湖岸带)—浅湖区—湖心区依次发育淤泥沼泽土—腐殖质沼泽土—泥炭腐殖质沼泽土—泥炭沼泽土。

表 1-2　草海沼泽土类型及特征

类型	分布的地貌部位	水文状况	水的主导作用	开发现状与资源
淤泥沼泽土	古湖滨地带及低洼处	长期出露地表，低洼处泛水则淹没	浅层地下水作用占优势，雨季时集有部分地表水	农垦土地，是主要的耕作土壤，主要种植马铃薯、玉米等，产量较高
腐殖质沼泽土	湖岸及近滨带	汛期被湖水淹没，枯平水期湖水退出	地下水和地表水综合作用，随季节变化而作用交替发生	涸田排水后，当地农民开垦种植马铃薯等农作物，产量高，土壤养分条件好
泥炭腐殖质沼泽土	浅湖区	长期处于积水状态	地表水作用占主导	初级开发
泥炭沼泽土	湖心区	长期处于>1m 深的积水状态	地表水作用占绝对优势	形成大量泥炭，蕴藏丰富的泥炭资源，泥炭厚>0.5m，腐殖酸含量>20%

1.1.6　水文条件

草海属于长江水系，是金沙江支流横江洛泽河的上游湖泊，其水源补给主要靠大气降水，其次为地下水。汇入草海的河流大多为发源于泉水的短小河溪，主要有东山河、北门河、卯家海子河、白马河和大中河等。这些小河溪的流量随降水季节的变化而变化。夏秋季节流量大，冬春季节流量减小，有的甚至断流。由于草海湖区岩石的隔水作用，地下水埋藏较浅，一般在 5m 以内，出露的泉点较多，畜牧场、下坝、白马塘、大水井、谢家冲等泉水均成为注入草海的重要源泉。草海地区多年年均降雨量 950.9mm，目前正常蓄水面积为 19km²，正常水位高程为 2171.7m，最大水深不超过 5m，为一浅水型湖泊。受季节性降水的影响，其丰水期(5~9月)的水位可增高至 2172.0m，水域面积也相应增至 26.05km²；其枯水期（11月至翌年4月）的水位降至2171.2m，水域面积相应降至15km²。草海主要水文特征参数如表1-3所示。

表1-3 草海主要水文特征参数

特征参数	参数值	特征参数	参数值
湖泊全长	20km	蓄水量	1.4亿m³
平均宽度	10km	最大深度	5m
流域面积	380km²	平均深度	2m
水域面积（丰水期）	26.05km²	年径流深	402mm
水域面积（枯水期）	15km²	年均降雨量	950.9mm

湖水是构成草海自然资源的基础，水域变化对于区域水生生物和鸟类资源的兴衰、农业的发展起着至关重要的作用，草海作为中间媒介，在一定程度上控制着其他资源的兴盛状况。草海水质属于高矿化度的碳酸钙组类型Ⅱ型水，与云贵高原上的洱海、滇池等湖泊相比，草海各种离子含量中阴离子、阳离子均具有明显的差异（表1-4），尤以SO_4^{2-}和Ca^{2+}最为突出。SO_4^{2-}的平均含量为洱海、滇池的数倍，较高浓度的SO_4^{2-}有利于草海藻类的细胞分裂发育，藻类可以通过吸收SO_4^{2-}以满足对硫元素的吸收需要。草海湖底每年有大量的水生维管植物残体沉积，年均积累厚度约3cm，形成厌氧性环境，对其他水生生物的生长具有一定限制作用，厌氧微生物活动频繁，同时SO_4^{2-}还原生成H_2S，导致水中H_2S含量增加，危及水生生物的生长。

表1-4 云贵高原三大湖泊水化学成分对比（耿侃和宋春青，1990）

湖泊	湖面高度/m	pH	矿化度/(mg/L)	阴离子/(μmol/ml)				阳离子/(μmol/ml)		
				Cl^-	SO_4^{2-}	HCO_3^-	CO_3^{2-}	Ca^{2+}	Mg^{2+}	$Na^+ + K^+$
草海	2171	8.0	276.25	35.4	221.5	460.8	30.4	377.7	69.3	106.0
洱海	2000	8.4	200.00	20.5	8.2	891.6	34.8	283.8	164.3	103.8
滇池	1885	8.6	225.06	85.6	32.3	809.4	20.2	252.8	165.8	162.9

湖水中Ca^{2+}含量也较为丰富，远远高于云贵高原上的其他湖泊，丰富的Ca^{2+}有利于水生植物蛋白质的合成和代谢、碳水化合物的转化及氮磷的吸收转化。

1.2 草海生态资源

1.2.1 植物

草海湖水较浅、水质良好、透明度大，有着良好的光照条件，且湖底有一层厚厚的淤泥层，使得水生植物生长繁茂，密不见底。草海的水草覆盖率高达80%，据统计，草海水生植物有 20 科 26 属 46 种，其中有国家三级珍稀濒危植物海菜花，种群数量较多，生长繁茂，在局部地段形成海菜花沉水植物群落，为其他湖泊所少见。穗状狐尾藻、空心莲子草、水葱、水莎草、李氏禾、荇菜、光叶眼子菜、水蓼等为优势种，为鱼类提供了丰富的饵料，是越冬鸟类的天然食料。

草海湖内还存在丰富的浮游植物，根据 2014 年秋季对草海的资源调查，浮游植物有 7 门 17 目 2 亚目 33 科 49 属 109 种，包括绿藻门、硅藻门、蓝藻门、甲藻门、裸藻门、隐藻门。草海浮游植物不但种属多，而且数量与生物量较大，经测定，年平均细胞数为 868 万个/L，年平均生物量鲜重为 2.64mg/L。其中，绿藻门、硅藻门分别为 28.9%和 23.5%，两者共占浮游植物总产量的 52.4%，为草海浮游植物的两大优势类群，经有关部门测定，草海浮游植物的产鱼力为 116.22t。

陆生高等植物在草海集水区也较丰富，且发育形成的植被类型多样。初步查明，有种子植物（含栽培种）673 种，隶属于 125 科 373 属（任晓冬等，2005）；有属于我国三级珍稀濒危保护植物的黄杉，属于第三纪孑遗植物，在草海附近成片分布，如此分布状况，中外罕见。另外，草海周围杜鹃花灌丛广布，主要种类有杜鹃、马缨杜鹃和露珠杜鹃等。草海自然保护区现存陆生植被多为次生性的针叶林和针阔混交林及灌草丛，主要分布有云南松林、华山松林、刺柏林、杉木林、鹅耳枥+化香林、滇杨林，以及金花小檗+小叶平枝枸子灌丛、西南枸子+火棘+毛叶蔷薇灌丛、滇榛灌丛、白桦灌丛、杜鹃花灌丛、中华柳灌丛等植被类型，此外还分布有苹果、茶树、梨等经济林。保护区森林覆盖率低（15.64%），林下少有灌木、草本植物和地被物，森林和灌丛下土壤裸露，森林结构层次简单，水土保持性能差。

在农业植被中，以玉米为主的一年一熟旱地作物组合为主。区域内种植的农作物主要有玉米、马铃薯、荞麦、小麦、甜菜、菜豆等，形成的农业植被有玉米+马铃薯组合、玉米+菜豆组合、蔬菜等旱地作物植被。

1.2.2 动物

草海浮游动物有 7 纲 22 目 79 属 155 种，其中原生动物 66 种、轮虫 43 种、枝角类 25 种和桡足类 21 种。由于季节不同，草海浮游动物的数量和生物量分布也有不同。数量的高峰期出现在夏季，而生物量的高峰期出现在冬季。丰富的浮游动物是鱼类的重要饵料，对于保护草海候鸟具有重要意义。

草海底栖动物共 25 科 45 属 52 种，以软体动物、环节动物及部分昆虫幼虫为主。草海的底栖动物种类虽然不多，但其密度和现存生物量很高，每平方米平均个体数达 184 个，生物量达 42.80g/m^2。中华圆田螺在数量和生物量方面均占有较大的比例，分布较广。底栖动物密度和生物量随季节也有变化，密度以春季最高，达每平方米 259 个，秋季最低，仅 95 个；生物量冬季最高，每平方米达 62.53g，春季最低，仅 15.55g。

草海及其附近的两栖、爬行动物种类较为丰富。草海两栖动物14种，分属于2目7科8属；爬行动物19种，分属于3目5科13属，爬行动物中有龟鳖目1种、蜥蜴目2种、蛇目16种。其中毒蛇3种，即白头蝰、菜花烙铁头和山烙铁头。两栖、爬行动物中的无颞鳞腹链蛇、颈斑蛇、棕头剑蛇、贵州疣螈、威宁蛙等皆为国内珍稀物种。

鱼类仅有3目4科8属9种，其中鲫鱼的数量最大，是草海主要经济鱼类，年产量可高达2万~2.5万 kg。几种小型鱼类的干制品呈黄色，味鲜美，商品名称"威宁细鱼"，驰名省内外，年产量可达1万~1.5万 kg，是草海的重要水产资源。

草海素有"鸟的王国"之称，每年在草海停歇及越冬的鸟多达10万只，并为一级保护动物黑颈鹤的主要越冬地之一，草海有着丰富的水生动植物种类和较高的生产力，水生生物群落、系统结构和功能完整，为我国亚热带高原生态系统的典型代表。

据统计，草海共有鸟类225种，其中珍稀鸟类70余种，特别珍稀鸟类有黑颈鹤、灰鹤、丹顶鹤、黄斑苇鳽、黑翅长脚鹬和草鹭，还有大量的大雁和野鸭，是世界人禽共生、和谐相处的十大候鸟活动场地之一。在草海越冬的鸟类中，最珍贵的要数黑颈鹤，其分布范围狭窄且数量稀少。草海成为鹤类及其他鸟类越冬"休假"的胜地。

1.2.3 旅游资源

草海自然保护区总面积约96km^2，其中核心区面积约21.62km^2、缓冲区面积约5.40km^2、实验区面积约68.98km^2，实验区内可开展生态旅游活动的区域面积为24.71km^2。草海又名南海子、八仙海，是中国三大高原淡水湖之一。草海为石灰岩溶蚀湖，平均水深仅约2m，由于大量水生植物密布湖底，从而形成了极为壮观的"水下草原"景象，机动船无法行进，进湖观赏均靠人工撑木船进入。草海兼具优越的气候条件，夏季凉爽，乃良好的避暑胜地，冬令时节，黑颈鹤等珍禽来此越冬，观赏价值高，现为贵州著名旅游景点之一。草海地区旅游资源丰富，类型多样化（表1-5），季节性旅游特征明显，将自然风景、名胜古迹、人类考古、珍稀鸟类等融为一体。

表1-5 草海旅游资源特征（耿侃和宋春青，1990）

类型	主要特征	主要景点
风景旅游	自然风景秀丽，珍禽古树繁多，气候宜人，季节性旅游，融山、水、禽为一体	阳关山、半岛望海岛、白家嘴、大坝、草海湖区、盐仓杜鹃花林、珍禽观赏、湖底"水下草原"、珍泉等
名胜旅游	以明清古建筑为主体，山上有古刹，城内有阁宫	凤山寺、六洞桥、玉皇阁、万寿宫
科学旅游	独特的湖泊生态系统、珍稀鸟类、丰富的水生生物资源、旧石器时代的古人类遗址（点）	湖区珍禽生态考察、湖区水生生物调查、王家院子考古点——观音洞考察

1.2.4 矿产资源

我国西南地区的贵州与云南交界地带是国内著名的土法炼锌集散地，这些地区因铅锌矿含量较为丰富，土法炼锌活动已有 300 多年的历史，长期无序的冶炼活动造成周围环境重金属污染严重，对当地生态系统及居民身体健康已构成严重危害。

1.3 草海主要生态环境问题

在草海自然保护区 96km² 范围内居住着约 3 万农民，人口稠密，人均耕地不足 667m²，有些村寨人均耕地甚至不足 334m²(李凤山，2007)，巨大的人口和资源压力已使草海自然保护区不堪重负。而随着人口的增加，人类活动对它的影响与冲击越来越大，草海正面临着环境污染、生态破坏、水文地貌改变等多种威胁，目前人们已经注意到的主要生态环境问题有以下几方面。

1.3.1 水环境污染

20 世纪 80 年代，草海水体水质良好，除滴滴涕(DDT)轻微污染外，还不曾发现其他有害化学物质污染。至 2005 年，草海水体已受到污染，7 项有害金属(As[①]、Pb、Cd、Cr、Hg、Cu、Zn)除 Cd 外，As、Pb、Hg、Cr、Cu、Zn 的污染等级为严重污染，有机物质污染等级为重污染(张华海等，2007)。

毕节地区环境保护局对草海水质的监测结果显示，2001 年草海 80%的水体水质达到Ⅰ级地面水质标准，局部地区水体受一定程度污染，水质降至Ⅲ级地面水质标准。草海中部与阳关山湖水中氨氮(NH_3-N)、总磷(TP)和硫化物三项水质指标已不能满足Ⅰ类标准的要求；2003 年监测结果显示，阳关山、草海中部两垂线水质类别分别为Ⅴ类和Ⅳ类，超过Ⅱ类水体标准，水质明显恶化；至 2007 年，草海中部水质监测点溶解氧(DO)、高锰酸盐指数(COD_{Mn})、NH_3-N、TP 和总氮(TN)全年超标，阳关山水质监测点 DO、COD_{Mn}、TP 和 TN 全年超标，草海总氮含量为 0.84~2.47mg/L，总磷含量为 0.019~0.079mg/L，已呈现出富营养化趋势(徐松和高英，2009)。

草海集雨区范围内，每天约 3000m³ 以上的城市生产、生活废水排入草海，有 120.6t 以上的城镇生活垃圾，大量垃圾被自然动力冲刷进入草海。周边农业用地 4238.71hm²，以种植蔬菜为主的耕地约 606.33hm²，年平均使用尿素 900kg/hm²、

---

① As 为类金属元素，因与其他重金属元素化学性质相同，因此将其划为重金属

复合肥 900kg/hm², 以种植土豆、玉米为主的耕地 1076.4hm², 年平均使用尿素 300kg/hm²、复合肥 45kg/hm², 草海湖滨农药使用量年均 2.67t。在雨季, 草海周边耕地大量化肥、农药随地表径流进入草海, 是造成草海水体富营养化的原因之一。

1.3.2 大气环境污染

威宁县是贵州省重要的烟煤和无烟煤产地之一, 工业和居民生活燃料仍以燃煤为主, 居民燃煤排烟是草海的主要大气污染源, 烟尘排放强度为贵州省平均排放强度的 1.06 倍, 在取缔和关停治理小土窑及土法炼锌后, 主要污染源转为居民燃用散煤污染, 主要污染物为烟尘、SO_2 和 CO 等, 每年排入草海盆地的烟尘总量约有 960t, SO_2 总量约有 1630t。燃煤大气污染物虽然排放浓度不高, 但排放量巨大, 县城居民燃用原煤每年至少向大气排放烟尘 780 多吨, 且由于草海的地理环境特殊, 大气扩散条件差, 污染物滞留时间长, 其受污染的程度及危害程度远大于一般地区。

1.3.3 水土流失与湖泊淤积

长期以来, 尤其是过去 50 年里的砍伐和垦殖, 使草海周围山地的植被遭到毁灭性的破坏, 森林覆盖率由 20 世纪 60 年代的 23%, 下降到 1994 年的 9.8%, 虽然之后采取了一些恢复措施, 但也仅有 15.64%。目前, 草海自然保护区内水土流失面积 31.44km², 占保护区陆地面积的 43.36%, 其中强度水土流失 313hm², 占 4.31%, 轻度水土流失 2229hm², 占 30.74%, 无明显侵蚀 4710hm², 占 64.95%, 年均侵蚀模数 3604t/km², 每年水土流失进入草海的土壤达 52 990~110 865t。坡度大于 25°的坡耕地, 是草海水土流失的主要来源(张华海等, 2007)。草海周边到处是光秃秃的山岗和坡耕地, 部分山地已出现严重石漠化景象, 虽然当地政府和保护区尝试过一些造林绿化、退耕还林还草项目, 但力度不够, 无法遏制水土流失的势头。

草海四周古剥夷表面上的残积、坡积物丰富, 结构疏松, 极易沿斜坡滑动或被流水冲刷, 这些为湖区淤积提供了丰富的物质来源, 加之植被的大量破坏及草海的浅水环境, 湖沼极易淤积(李宁云等, 2007)。水土流失造成每年约有 60 万 t 泥沙进入草海, 泥沙大约以 30kg/(m²·a)的速度在沉积(王国栋, 2008)。随着水土流失的加剧, 湖泊淤积呈逐步加重的趋势, 并随着水土流失年份的增长而不断增厚。大量的水土流失导致湖盆淤积抬高, 湿地面积萎缩, 致使草海平均水深仅 2m, 而淤积量达 13cm。水土流失造成湖盆淤塞, 水位下降, 泥沙沉积淤填, 严重威胁着草海的安全, 如不引起足够重视, 将来草海的消失不可避免。

1.3.4 生物入侵与生物多样性减少

由于环境污染、过度渔猎、滥垦滥伐及外来种入侵等，草海生物多样性已经受到较大影响，"生态杀手"空心莲子草在2002年引种鸭、鹅等进入草海养殖时被带入，目前已在草海大量繁殖，与水生植物及沼泽湿地的农作物争夺阳光、空气、养分，导致水生生物缺氧死亡、农作物大幅减产；空心莲子草主要分布于草海水体东部、东北部至东南部等湿地、沼泽地、玉米地、菜地、沟渠、人工河两侧、积水塘等地，直接危及草海的生物多样性。

草海鱼类资源种类变化明显，外来种黄黝鱼、彩石鲋随着1998年草海虾、蟹、草鱼、鲫鱼等的引进而进入草海，由于其具有个体小、适应能力强、生长周期短、繁殖能力强、食性广等特点，在与土著鱼争夺饲料和空间竞争中居于优势，如今已成为草海鱼类的优势种，而普栉鰕虎鱼、波氏栉鰕虎鱼等土著鱼类资源严重衰竭，鱼类产量也严重下滑，经济鱼类个体小型化（齐建文等，2012）；当地农民为了固守湖区内的耕作阵地，普遍在沼泽内掘深沟垒台地，既破坏了原始自然生态，又中断了生物链，水生动植物的生存环境遭到破坏，增加了越冬鸟类栖息的困难；由于人类活动的严重干扰，原生植被丧失严重，仅存零散的次生植被，生境片段化、呈孤岛状，野生动物的栖息环境受到威胁，使得动物种群、个体数量逐渐减少。

第 2 章　草海湿地主要污染源

草海是一个十分脆弱的生态环境，一个受人为活动严重破坏后又经人为努力重新恢复塑造的典型湿地环境。它在很大程度上能够反映出中国湿地区域的人类活动与自然环境相互关系的许多典型问题。

草海自然保护区建立至今已有 30 多年，这期间也是我国改革开放、经济建设高速发展的时代，由于人口膨胀、城镇建设、工业发展、经济腾飞等诸多问题带来的影响，在草海的可持续发展、生物多样性保护方面产生了不可回避的问题，如环境污染、人鸟争地、生物入侵、过度捕捞、保护与发展等。

2.1　草海湿地土壤主要污染源

2.1.1　农业生产物资的施用

草海周边多为耕地，随着农业生产中化肥、农药施用量的增加，农业自身造成的污染日趋严重，近年来，随着威宁县城人口增加及各地居民的蔬菜消费水平提高，草海周围的农地越来越多地用作种植反季节蔬菜，其中化肥、农药的使用量较大，这些物质受雨水冲刷进入草海。

经调查及参考威宁县统计局统计数据，草海周边村寨 2009 年农用化肥施用量为 2879t，其中氮肥 998t、磷肥 1668t、钾肥 14t、复合肥 199t。在磷肥生产中因磷矿石中含有一定量的重金属污染物 Cd、As、Cr、Pb 等，使磷肥中含有较多的 As、Cr、Cd、Pb、Hg 及 Cu 等重金属物质，特别是 Cd 的含量比土壤中高数百倍，如美国的过磷酸钙含镉量 86～114mg/kg，磷铵含镉量 7.5～156mg/kg，商品二级过磷酸钙 Cd 含量一般在 91mg/kg 以上，是农用污泥中 Cd 的最高允许含量(5～20mg/kg)的 4.55～18.2 倍，施入土壤中会使 Cd 含量比一般土壤高数十倍甚至上百倍，长期积累将造成 Cd 污染(黄国勤等，2004；毛建华，2005)。我国每年施用过磷酸钙带入土壤中的 Zn、Ni、Cu、Co、Cr 的量分别为 200g/hm²、11.3g/hm²、20.8g/hm²、1.3g/hm²、12.3g/hm²；我国每年随磷肥带入土壤中的 Cd 量在 37t 以上，连续 17 年施用过磷酸盐 45kg/(hm²·a)，土壤累积镉增加量 87g/hm²；长期施用硝酸铵、磷酸铵、复合肥，土壤砷含量达 50～60mg/kg(肖军等，2005)；磷肥的大量施用，尤其是低浓度磷肥的长期大量施用，会造成重金属元素的富集而污染土壤。不合理施用农药会产生大量农药残留，农药的溶解流失率达 80%左右，农药残留通过各种渠道汇流到草海是引起水质变化甚至造成毒性污染的主要原因，农用地膜及其他农业废弃物等造成的水体污染也呈上升趋势。在草海地区施用含有Hg、Cd、As、Pb 等的化肥，都可能导致土壤中重金属的污染。由于人口激增，粮食短缺，能源紧张，草海地区的农民为增加粮食和蔬菜产量而大量施用化肥、农药，也不同程度地毒化了生态环境。

草海集雨区范围内基本无工业企业，污染源主要为威宁县城居民生活污水和草海周边农业污染源。生活污水、畜禽养殖和农田化肥构成了目前草海的主要污染源，研究表明，在进入草海的污染物中，生活污水占总量的近 60%，如表 2-1 所示（徐松和高英，2009）。县城排放的生活污水有三分之一未经任何处理直接进入草海，其排放量约为 3000m³/d。

表 2-1　污染物进入草海总量(t/a)

项目	COD	TN	TP	总计
农田化肥	—	99.47	1.28	100.75
畜禽养殖	637.12	79.93	7.63	724.68
生活污水	957.60	172.74	4.10	1134.44
总计	1594.72	352.14	13.01	1959.87

威宁县是贵州省重要的烟煤和无烟煤产地之一，工业和公众生活燃料结构均以烧煤为主，烟尘排放强度为贵州省平均排放强度的 1.06 倍。在取缔和关停治理小土窑及土法炼锌后，威宁县城的主要污染源已转为居民直接燃用散煤污染。草海周围约 8 万居民均以原煤和蜂窝煤为生活能源，每年约燃用 3 万 t 煤，向大气环境排放大量的二氧化硫和烟尘，严重影响草海空气质量，且由于草海的地理环境特殊，大气扩散条件差，污染物滞留时间长，这些污染物又会沉降到地表对水体及土壤造成污染。

随着旅游人数的增加，旅游垃圾对草海的污染也成为一个不可忽视的新问题。据统计，自 1995 年以来，每年到草海旅游的游客超过 5 万人次，并呈逐年递增趋势；按每人产 0.5kg 生活垃圾计算，每年增加的生活垃圾至少 25t。

2.1.2　对草海周边不合理的开发建设

威宁县总人口 145 万，所以草海周边人口众多，粮食需求大而耕地少，导致人们以前围湖造地，草海的水域面积减少。同时，人们砍伐周边树木，建设房屋，严重破坏了草海的森林植被。1970 年，人们对草海进行排水造地工程，计划造地 31km²，用了两年多的时间，耗费了巨大的财力物力炸毁了草海出水口的大桥节制闸；到 1992 年，草海仅存约 5km² 的水面，开垦出农耕地约 3.8km²。如今，在政府努力下草海水面面积还原到 25km²，但周边森林少，房屋建设在增加，而植被绿化率没有上升。这些活动对草海水域面积和周边绿色自然环境造成了巨大的破坏。

草海流域土壤中重金属的主要来源可以概括为3方面：一是用受污染的草海湖水灌溉；二是土法炼锌炉窑遗留的废渣地；三是农田化肥的使用。草海周边地区的农用地灌溉水源主要来自于草海湖水，而长期以来威宁县没有污水处理厂，使得城市生活污水没有处理就直接进入草海流域，大量生活污水的排放使草海水质受到严重污染。同时，大量的垃圾被随意丢弃堆放在农田之间，或沿湖滨随意堆放，雨季废渣中残存的重金属及大量的垃圾淋溶水随地表径流进入草海，对草海及周边土壤造成严重污染。

2.2 草海湿地水体主要污染源

水是草海的最基本要素，是人和湿地生物赖以生存的基本条件。尽管草海的水资源较丰富，但不是取之不尽的。改革开放以来，随着经济的发展和草海流域的人口不断增加，坐落在湖东北岸分水岭上的威宁县城不断扩大，其中1/3的城市位于草海流域。威宁县是一个边远的少数民族自治县，基础设施落后，城市三废(废水、废气、废渣)没有经过专门的处理，而是任意排放和堆积。由于草海湿地是人们生活区域的下游，承担和接受了流域内不同人群的排泄物，因此草海受到的影响和污染也越来越严重。

2.2.1 养殖业排放

湖泊周边居民养殖牲畜的废水、粪便等未经处理排入草海，在一定程度上对草海构成威胁，尽管这里的传统养殖基本以粮食和青草作饲料，不含很多的化学添加剂，但是随处可见的畜禽粪便随废水流入草海，也是造成草海水体富营养化不可忽视的因素。

据统计，草海镇农村养殖的牲畜主要是牛、猪、羊，家禽主要是鸡、鸭，养殖方式主要为农户散养。2009年，草海镇养殖牛4750头，猪47750头，羊7287只，家禽185070羽(威宁县统计局，2009)。

畜禽粪尿中含有大量的有机物质，草海地区对畜禽粪尿的主要处理方式是随意堆放在村落或农田灌溉沟渠旁，最终随着降雨和地表径流而流入草海，引起水体氨氮含量的增加、溶解氧的急剧下降，导致水体恶化发臭，威胁水生态系统。据排污系数法(畜禽粪尿污染物的排放量=畜禽养殖数量×排污系数)(排污系数见表2-2)估算，每年由畜禽粪尿产生的污染物排放量分别为：COD 2697.25t、TN 573.09t、TP 153.60t。

表 2-2 畜禽粪尿(每头、只)的年排污系数(叶飞等，2005)

项目	牛/(kg/a) 粪	牛/(kg/a) 尿	猪/(kg/a) 粪	猪/(kg/a) 尿	羊粪/(kg/a)	家禽类/(kg/a)
COD	226.3	21.9	20.70	5.91	4.4	1.165
TN	31.9	29.20	2.34	2.17	2.28	0.275
TP	8.61	1.46	1.36	0.34	0.45	0.115

2.2.2 生活污水

在过去很长的一段时间内，与草海相连的城区大部分污水没有经过任何处理，从入湖河道直入草海，另外由于过去政府也未加以制止和处理，污染时间持续较长。再加上人们的环境保护意识差，在草海自然保护区乱扔垃圾，导致草海环境污染严重加剧。近几年来，随着威宁经济的发展、旅游业人员开发意识的提高、威宁政府对草海环境问题的重视度增加，草海水污染得到了一定治理。但是，由于过去污染严重，处理技术落后，虽然污水排放和垃圾污染得到了有效控制，但水质问题没有得到可靠有效的解决办法，因此，这些污染水依旧影响着整个草海的湖水水质。

草海本身具有净化水质的作用。草海与草海人及县城的发展有着悠久的历史。20 世纪 80 年代中期以前，草海一直是清洁如明镜的湖泊，当时县城人口不到 3 万人，每天排放向草海的污水不到 1000t，在草海的自净作用下，并未发生污染，从南岸白家嘴到北岸高家岩的直线是水质区域线，区域线以西的水质尚符合饮用水标准。自 80 年代中期以后，随着城市规模的扩大和生活废水排放量的增加，排入草海的水体污染物超过水的自净能力而使水质开始恶化，草海靠近城市一侧已出现明显污染，主要表现是以紫萍为主的水生植物疯长。紫萍作为水体富营养化的标志性植物，大量漂浮在草海入海口水面，集中生长的水面上呈现一片红色，严重影响其他水生植物的生长繁殖。

20 世纪 90 年代中期，威宁县城的污水每天约有 1500t 通过 5 条主要排水沟流入草海，草海靠近县城的一侧形成约 2km^2 的富营养化污染区域，湖面上的紫萍疯长，大量繁殖的紫萍阻断了进入水下的阳光，使水体透明度降低，危害其他水生植物生长，进而形成恶性循环。城市污水使水质降低，同时也影响了草海的湿地生态系统。据监测，草海水体总含盐量为 0.276‰，属于淡水湖泊，pH 一般为 7.5～8.4，平均为 8.0，属于偏碱性水。

目前县城人口已扩大到 5 万余人，每天排到湖中的生活污水和生产废水已达 3000t，受到污染的水域达 3km^2。在受污染的水域，水质普遍恶化，发黑发臭，且污染日益加剧，污染水域面积也逐渐扩大，靠近县城一侧，10 多条排污沟内的污水进入湖泊，导致水体颜色深绿甚至褐红，透过浑浊的湖水，已无法看到水下的植物，被紫萍覆盖的水面甚至撑船都难以通过。夏季气温较高时，受污染的水域有明显的异臭，目前，被污染的水域还呈不断扩大的趋势，草海中部及阳关山湖水水质也受到一定的影响，严重地影响了草海湿地的水质及其他功能的正常发挥，2001年监测结果显示，草海80%的水体达到Ⅰ级地面水质标准，局部地区的水体受到一定程度的污染，水质降至Ⅲ级标准，草海水质区域线以西水域的水质为Ⅰ级或Ⅱ级，水质区域线以东水域的水质为Ⅲ级，草海中部和阳关山湖水中氨氮、总磷和硫化物三项水质指标已不能满足Ⅰ类标准(GB 3838—2002)要求。

2.2.3 堆积的固体废弃物

草海流域研究区内基本无工业企业，研究区内产生的主要固体废物为生活垃圾。目前威宁县城尚无生活垃圾处理场，县城居民生活垃圾沿湖滨随意堆放，雨季大量的垃圾淋溶水及垃圾随地表径流进入草海，大量的重金属等污染物也随之进入草海，对草海水质造成严重影响。根据威宁县城现有人口估算县城生活垃圾排放量约为41 390t/a。垃圾未经处理直接堆放于草海集水区域内，雨季废渣中残存的重金属及大量的垃圾淋溶水随地表径流进入草海，对草海及周边土壤造成严重污染。

据现场踏勘和威宁县环境保护局提供的资料，草海集雨区范围内鸭子塘和南屯附近均曾有土法炼锌炉，这些炼锌炉生产时期一般在1987~1998年，据此推算，鸭子塘、南屯附近区域分别有炼锌遗留废物约1.17×10^5t和7.8×10^4t，分布总面积约 $0.32km^2$，这些废物中大部分为炉渣及废弃的炼锌罐，其矿物废渣经过雨水淋蚀所产生的Cd、Pb、As等有毒物质对草海的水质构成严重影响。这些物质可以通过食物链转移到人和其他动物体内，而影响人和其他动物的身体健康。目前，在草海东南角的水源补给区仍有许多砖瓦厂，其矿石、土坯、残渣和煤灰堆积如山，所含的大量有毒有害物质被源源不断地带入草海水体中，也对草海水体造成一定污染。

2.2.4 旅游业产生污染

草海自然保护区不但具有丰富的生物物种资源，而且草海自然保护区几乎包括了整个草海流域，是一个不可多得的典型湿地生态系统样本，在科研上具有非常重要的价值。草海被誉为世界最佳观察野生鸟类场地之一，每年冬季都有许多国内外鸟类专家及爱好者前来观鸟。草海的鸟类对人非常友好，观察者可以近距离观赏黑颈鹤。夏秋季节，草海周围风景如画，绿水如茵，展示着高原明珠的独特魅力，吸引了附近城镇及六盘水、贵阳、昆明等地的大量游客前来观光。随着旅游人数的增加，旅游垃圾对草海的污染就成了近年来出现的新问题。王万英于1995年在草海做的调查结果显示：在11条船上的34个游客(21个是威宁县城的本地人、9个是威宁县其他乡镇的、4个是外地的)中,8个带了吃的、喝的或香烟上船,他们中没有1个把包装材料等废品垃圾随船带回,11条船的船工也承认他们没有阻止游客把垃圾抛入湖中或建议游客把垃圾带回岸边,湖中水面常发现游客丢弃的易拉罐、玻璃瓶、糖纸、烟盒、烟头及塑料袋等。

由此可见,观光游客成了污染源之一,游人的不良习惯对自然环境的污染和破坏也是严重的。草海自然保护区管理处曾对船工和游客进行过宣传教育,要求在每条船上放置垃圾袋,由船工负责管理解决这个问题,但缺乏有效机制和适当动力,收效甚微。鉴于此,如何加强环保宣传与正确引导,让船员和游客增强环境保护意识,开展生态旅游而不对草海环境造成污染,做到发展与保护双赢,实现生态文明,是流域综合管理需要解答的问题。

2.3 重金属危害及污染评价

2.3.1 重金属危害性评价

潜在生态危害指数法是目前重金属潜在危害程度研究中应用较为广泛的一种方法,相对于其他的生态评价方法,潜在生态危害指数法是一种简便、快捷且标准的方法。潜在生态危害指数法不仅反映了底泥中每种重金属的单一影响,还反映了多种重金属污染的综合影响;将底泥中重金属的含量、种类、毒性水平及生物对重金属污染的敏感性予以综合分析,通过测定底泥中重金属的含量计算其潜在生态危害指数值。另外,针对固定环境中每一种特定的污染物存在的生态危害也能够精确地描述。在很多实验研究与环境影响评价中,工作者使用最为广泛的就是潜在生态危害指数法,因此,潜在生态危害指数法在生态危害性评价中具有深刻的影响力。

2.3.2 潜在生态危害指数的基础条件

潜在生态危害指数有以下4个条件。

1)数量条件:潜在生态危害指数的数量条件是一种理想条件,认为选用的样品数量能够全面反映其危害特征。这些从底泥样品中选出的实验样品包括全部含量变化值。

2)含量条件:通常情况下,根据背景值来确定重金属的含量,而不是实际测定的数值。

3)毒性条件:重金属在水体环境中能够沉淀且能被其他固体颗粒吸附,因此,重金属污染物的毒性与稀少性之间有着某种比例关系,这就是毒性条件。

4)敏感条件:潜在生态危害指数的敏感条件是指不同的水体环境对于不同毒性物质存在不一样的反应,即敏感性。

潜在生态危害指数有以下特点:首先,底泥中重金属种类的多少决定了潜在生态危害指数的高低;其次,表层底泥中重金属的浓度与潜在生态危害指数存在正相关的关系,当底泥中重金属的污染严重时,潜在生态危害指数就高;再次,水体环境的潜在生态危害指数越高,水体对重金属污染的敏感性就越大;最后,每一种重金属都有它们自己的毒性,不同毒性的重金属对生态的危害性也不一样,重金属的毒性越高,它们对潜在生态危害指数的贡献就越大。

2.3.3 湖泊沉积物中重金属污染评价方法

国内对于湖泊沉积物中重金属污染的评价有多种方法(表2-3),包括综合污染指数法、内梅罗综合指数法、污染负荷指数法、潜在生态危害指数法、环境风险指数法、地质累积指数法、脸谱图法、沉积物富集系数法、次生相与原生相分布比法、水体沉积物重金属质量基准法、回归过量分析法、次生相富集系数法、间隙水和上覆水法、SEM/AVS方法等。

表 2-3 湖泊沉积物中重金属污染评价主要方法

方法		计算公式	污染评价	特点
综合污染指数法	单因子指数法	$P_i = \dfrac{C_i}{S}$ P_i 为 i 污染因子的单因子指数; C_i 为 i 污染因子的实测浓度, mg/kg; S 为 i 污染因子的土壤环境质量标准, mg/kg。	$P_i \leq 1$: 无污染 $1 < P_i \leq 2$: 轻度污染 $2 < P_i \leq 3$: 中污染度 $P_i > 3$: 重度污染	单因子污染指数法只能分别反映各个污染物的污染程度,当评价区域内沉积物(作为一个整体)与外区域进行比较时,或沉积物同时被多种重金属元素污染时,需将单因子污染指数法、多因子评法、权重计算法综合起来进行评价。
	多因子评价法	$I_{SQJ} = \sum_{i=1}^{n} W_i P_i$ I_{SQJ} 为底质的环境质量总指数; W_i 为 i 污染因子的权重值, $\sum W_i = 1$; P_i 为 i 污染因子的质量分指数。	$I_{SQJ} \leq 0.5$: 清洁 $0.5 < I_{SQJ} \leq 1$: 有影响 $1 < I_{SQJ} \leq 1.5$: 轻污染 $1.5 < I_{SQJ} \leq 2$: 污染 $I_{SQJ} > 2$: 重污染	
	权重计算法	$W_i = (1/K_i) / \sum (1/K_i)$ K_i 为 i 污染因子的环境可容纳量, $K_i = (S_i - C_{oi}) / C_{oi}$, S_i 为 i 污染因子的评价标准; C_{oi} 为 i 污染因子的背景值。		
内梅罗综合指数法		$P = \sqrt{\dfrac{P_{i最大}^2 + \left(1/n \sum P_i\right)^2}{2}}$ P 为内梅罗综合指数; P_i 为 i 污染因子标准化污染指数; $P_{i最大}$ 为所有污染因子的污染指数中的最大值; $P_i = \rho_i / S_i$, ρ_i 为 i 污染因子的实测浓度值, mg/kg; S_i 为 i 污染因子的评价标准, mg/kg。	$P < 1$: 无污染 $1 \leq P < 2.5$: 轻度污染 $2.5 \leq P < 7$: 中度污染 $P \geq 7$: 严重污染	其突出了污染指数最大的污染物对环境质量的影响和作用,此方法只能反映污染的程度而难于反映污染的质变特征。

续表

方法	计算公式	污染评价	特点
污染负荷指数法	最高污染系数(F)： $$F_i = C_i / C_{oi}$$ F_i 为 i 污染因子的最高污染系数； C_i 为 i 污染因子的实测含量，mg/kg； C_{oi} 为 i 污染因子的评价标准，即背景值，一般选用全球页岩平均值作为重金属的评价标准，mg/kg； 某一点的污染负荷指数(I_{PL})为： $$I_{PL} = \sqrt[n]{F_1 \times F_2 \times F_3 \dots F_n}$$ I_{PL} 为某一点的污染负荷指数；n 为评价污染因子的个数。 某一区域的污染负荷指数(I_{PLZone})为： $$I_{PLZone} = \sqrt[n]{I_{PL1} \times I_{PL2} \times I_{PL3} \dots I_{PLn}}$$ I_{PLZone} 为区域污染负荷指数；n 为评价点的个数(即采样点的个数)。	$I_{PL}<1$：无污染 $1 \leq I_{PL} < 2$：中度污染 $2 \leq I_{PL} < 3$：强度污染 $I_{PL} \geq 3$：极强污染	其能直观地反映各个重金属元素对污染的贡献程度，以及重金属在时间、空间上的变化趋势，但该方法没有考虑不同污染源所引起的背景差别。
潜在生态危害指数法	某一区域重金属 i 的潜在生态危害系数 $E_r^i = T_r^i \times C_f^i$ E_r^i 为潜在生态风险参数； T_r^i 为单个污染物的毒性响应参数； 沉积物中多种重金属的潜在生态危害指数： $$E_{RI} = \sum_{i=1}^{n} E_r = \sum_{i=1}^{n} T_r^i \times C_f^i = \sum_{i=1}^{n} T_r^i \times C^i / C_n^i$$ C^i 为重金属 i 的实测浓度； C_n^i 为重金属 i 的评价参比值。	$E_r^i < 40$ 或 RI<150：轻微生态危害； $40 \leq E_r^i < 80$ 或 $150 \leq RI<300$：中等生态危害； $80 \leq E_r^i < 160$ 或 $300 \leq RI<600$：强生态危害； $160 \leq E_r^i < 320$ 或 RI≥ 600：很强生态危害； $E_r^i \geq 320$：极强生态危害	它结合环境化学、生物毒理学、生态学等方面的内容，以定量的方法划分出重金属潜在危害的程度，但这种方法的毒性和加权带有主观性。
环境风险指数法	$$I_{ERi} = AC_i / RC_i - 1$$ $$I_{ER} = \sum_{i=1}^{n} I_{ERi}$$ I_{ERi} 为超过临界限量的第 i 种元素的环境风险指数； AC_i 为第 i 种元素的分析含量，mg/kg； RC_i 为第 i 种元素的临界限量，mg/kg； I_{ER} 为待测样品的环境风险。	$AC_i < RC_i$，则定义 I_{ERi} 的数值为 0	能用数值来反映污染物对环境现状的危害程度，但这种方法不能反应出重金属污染在这个时间和空间的变化特征。
地质累积指数法	$$I_{geo} = \log(C_n / kB_n)$$ I_{geo} 为地质累积指数； C_n 为重金属 n 在沉积物中的实测含量； B_n 为沉积岩中所测元素 n 的地球化学背景值； k 为考虑到成岩作用可能会引起的背景值的变动而设定的常数，一般 $k=1.5$。	$I_{geo} \leq 0$：无污染 $0 < I_{geo} \leq 1$：轻度污染 $1 < I_{geo} \leq 2$：偏中度污染 $2 < I_{geo} \leq 3$：中度污染 $3 < I_{geo} \leq 4$：偏重污染 $4 < I_{geo} \leq 5$：重污染 $I_{geo} > 5$：严重污染	根据重金属的总含量进行评价，了解重金属的污染程度，但难以区分沉积物中重金属的自然来源和人为来源。

续表

方法	计算公式	污染评价	特点
沉积物富集系数法	$K_{SEF} = (S_n/S_{ref})/(a_n/a_{ref})$ K_{SEF} 为沉积物中重金属含量； S_n 为沉积物中重金属含量； S_{ref} 为沉积物中参比元素的含量； a_n 为未受污染沉积物中重金属含量，即重金属的背景值； a_{ref} 为参比元素的背景值，参比元素一般选择在迁移过程中性质比较稳定的元素，如 Al。	$K_{SEF} \leq 2$：无污染或轻度污染 $2 < K_{SEF} \leq 5$：中度污染 $5 < K_{SEF} \leq 20$：污染较强 $20 < K_{SEF} \leq 40$：污染强 $K_{SEF} > 40$：污染极强	同地质累积指数法具有相同的问题。

纵观上述评价方法，每种评价方法均有其优点和不足之处，污染负荷指数法的优点是该指数由评价区域所包含的多种重金属成分共同构成，并使用了求积的统计法，能避免污染指数加和关系造成对评价结果歪曲的现象，并且对任意给定的区域进行定量判断，但该方法未能考虑不同污染物源所引起的背景差别；地质累积指数法综合考虑了人为活动对环境的影响，而且还考虑到由于自然成岩作用可能会引起背景值变动的因素，即常数 k，但该方法并未考虑不同金属毒性效应的差别；潜在生态危害指数法综合考虑了重金属的毒性、在沉积物中的普遍迁移转化规律和评价区域对重金属污染的敏感性，以及重金属区域背景值的差异，消除了区域差异和异源污染的影响，可以综合反映沉积物中重金属对生态环境的影响潜力，适于大区域范围不同来源沉积物之间进行评价比较，成为国内外沉积物质量评价中应用最为广泛的方法之一。上述方法均未考虑沉积物粒度效应，而沉积物富集系数法(SEF)有效地进行了有关沉积物粒度的校正，回避了由黏土含量不同造成沉积物中重金属浓度的差别，但它不能反映重金属来源、化学活性和生物可利用性。

考虑到人们的接受程度，在评价实践中形成了综合污染指数法，它能对受污染的沉积物做出简洁快速的评价，方法也较为简便。内梅罗综合指数法同时兼顾了单因子污染指数的平均值和最高值，可以突出污染较重的污染物的作用，给较严重的污染物以较大的权值，能较全面地反映沉积物的总体质量。但这些方法的不足是未能考虑金属的毒性差别，评价中也未能识别其污染机制，未能考虑重金属毒性和不同母岩中重金属浓度的差别。

第3章 草海沉积物的环境质量特征

湖泊沉积物是风化后的陆上矿物、岩石和土壤细颗粒随地表径流进入湖泊，在一定环境条件下沉积于水底形成的。由于地理环境条件、沉积物的来源不同，各种不同水体沉积物的组成上会存在差异。从环境科学意义看，火成岩和变质岩风化残留矿物由于主要以沉积物残渣形态出现，比较稳定，表面电荷少，化学活性差，对污染物的影响和作用并不显著；水成矿物是沉积物中比较重要的部分，水成矿物不仅具有巨大的比表面积，而且表面还拥有大量的活性官能团，其对污染物有很强的界面反应能力，以黏土矿物和水合氧化物(铝、铁、锰及硅等的水合氧化物)为主，它们在污染物的迁移转化中发挥着重要的作用；而有机组分中的腐殖质(胡敏酸、富里酸和胡敏素)虽然含量相对较低，在大部分沉积物中为1%～3%，某些地区可达8%～10%，但在各种污染物的环境化学行为中同样发挥着重大作用，也是众多环境化学研究学者十分重要的研究对象；流动相是污染物的重要媒介，尤其水是固相物理化学风化过程中的主要媒介，是重金属等污染物在沉积物中或沉积物水界面处发生溶解态与颗粒态交换和传输的载体。

沉积物的组成特征决定了沉积物具有吸附和接收湖泊水体中众多污染物的特性，从而使其成为众多污染物在环境中迁移转化的载体、归宿和储蓄库，金相灿等(1995)在其调查研究中就指出，我国湖泊沉积物中总有机碳含量为4.7～145g/kg，城市湖泊中总磷含量为1237.6～4504.7mg/kg，凯氏氮含量为2156～25 632mg/kg。这些营养物质一方面为水生生物提供了丰富的食物来源，另一方面如果沉积物中营养物质含量过多，则其可能会大量释放到水体中，加剧上覆水体的富营养化程度。

3.1 沉积物样本的采集与制备

2010～2011年，利用彼得逊采泥器共采集草海湿地沉积物样品54个(表3-1)，采集沉积物样本以草海污染物流入路径为基础，Y字形散开，以保证样本的代表性(图3-1)。采集的样本带回实验室，在冷冻干燥机–80℃干燥一周，完全冻干，将样品分开，用陶瓷研钵完全研碎后，过100目筛，充分混匀后将样品贮存于自封袋中干燥保存。

表 3-1　草海沉积物样品采集情况

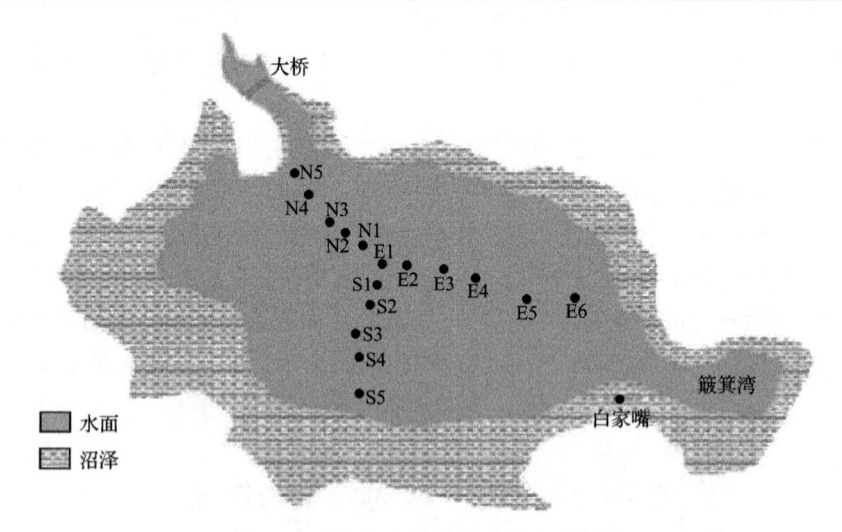

采样区	环境特征	采样点	样本数量 丰水期	样本数量 枯水期
东部(E区)	紧靠威宁县城，是城市生活污水入口，也是草海旅游主线路	E1	2	2
		E2	2	2
		E3	1	1
		E4	2	2
		E5	2	1
		E6	2	2
西南(S区)	水生植物丰富	S1	2	2
		S2	2	2
		S3	3	3
		S4	2	2
		S5	2	2
西北(N区)	出水口	N1	1	1
		N2	1	1
		N3	1	1
		N4	1	2
		N5	1	1

图 3-1　草海沉积物样品采样点示意图

3.2　草海沉积物中碳、氮、磷分布特征

湖泊富营养化的根源主要是水体氮、磷等营养过剩，湖泊沉积物对水体氮、磷的循环有重要影响，一方面，沉积物是水体氮、磷营养盐的主要归宿地，大部

分营养盐被藻类及水生植物吸收利用后最终沉降埋藏在沉积物中；另一方面，沉积物中蓄积的氮、磷营养盐通过有机质降解等早期成岩作用可再度释放至上覆水体。强烈的沉积物内源营养盐释放会加速藻类过度生长，导致水体富营养化，从而对水环境产生重大影响。

草海表层沉积物中营养盐的分布主要受湖区外源输入和湖泊初级生产控制，表层沉积物中总有机碳（TOC）、TN 含量平均值分别为 139.92g/kg、11.43g/kg，远高于国内其他湖泊，表层沉积物中 TP 含量平均值为 0.65g/kg，如表 3-2 所示，主要受外源输入控制，且主要以沉淀、吸附等无机形态赋存于沉积物中。尽管外源输入给草海增加了氮、磷负荷，但由于氮较高的迁移性和生物可利用性，草海沉积物中 TN 明显受湖泊水生植物生长控制，基本上以有机质形式存在于沉积物中。

表 3-2　草海表层沉积物中营养盐含量统计特征

项目	TOC 含量/(g/kg)	TN 含量/(g/kg)	TP 含量/(g/kg)	碱解氮含量/(mg/kg)	有效磷含量/(mg/kg)
最小值	30.08	2.66	0.40	245.18	3.58
最大值	257.83	19.87	0.86	1004.06	70.56
平均值	139.92	11.43	0.65	685.71	24.90
中值	121.46	10.12	0.64	670.53	24.05
标准偏差	61.44	4.90	0.11	169.06	13.96

沉积物中 TOC 含量为 30.08～257.83g/kg，草海大部分湖区水深不到 2m，水生植物繁茂，较高的初级生产力是造成草海表层沉积物储存大量有机碳的主要原因。草海湖心、南湖和西部湖区 TOC 含量明显高于其他湖区，且表现为离岸越远（越靠近湖心）有机碳含量越高。近年来，毗邻县城的东部湖区水污染非常严重，已导致该区域沉水植物大幅减少，这可能是导致该区域沉积物中 TOC 含量不高的主要原因。此外，草海出水口的阳关山湖区水流速度较快，其表层沉积物中有机碳含量也明显低于其他湖区。表层沉积物中 TN 含量为 2.66～19.87g/kg。TN 空间分布与 TOC 相似，湖心和西南部湖区含量明显高于其他湖区。草海沉积物中 TP 含量为 0.40～0.86g/kg，草海沉积物中 TP 空间分布特征与 TOC、TN 明显不同，在湖心、东南湖区和出水口其含量较低。

3.2.1　草海沉积物中 TOC 含量及分布特征

沉积物既能成为水体污染物的汇，又可能成为水体污染物的源，其中沉积物中有机质对污染物的迁移释放行为起着关键性的作用，有机质矿化过程中大量耗氧，同时释放出 C、N、P、S 等营养元素，可以造成严重的水质恶化、水体富营养化；有机质通过吸附、络合，对沉积物中重金属、有毒有机化合物的生态毒性、环境迁移行为起决定性控制;有机质矿化过程中还能产生大量 CO_2、CH_4 等温室气体及挥发性卤代有机化合物等破坏臭氧层气体。因此,沉积物中有机质在沉积物环境化学及污染化学中扮演着重要的角色。

草海沉积物中 TOC 的含量差别较大:丰水期草海沉积物中 TOC 含量在 52.73(E6)~241.06g/kg(S3),平均含量达 141.11g/kg,空间变异系数为 42.54%;枯水期草海沉积物中 TOC 含量在 30.08(E6)~257.83g/kg(S2),平均含量达 138.74g/kg,空间变异系数为 46.69%。无论丰水期还是枯水期,草海沉积物中 TOC 含量都呈现中等程度的空间变异,且在枯水期的变异程度较强。草海沉积物中 TOC 含量极高,远高于处于同一流域背景的红枫湖、阿哈湖、东风水库(钱晓莉,2007),这是由于草海是一个水生植物繁茂的浅水富氧湖泊,初级生产力较高,水生植被丰富,呼吸作用、光合作用、降解等过程对草海有机质含量贡献极大(陈毅凤等,2001),而且草海周边有大量农田,雨季时会有大量陆源有机质随地表径流进入湖泊。

由图 3-2 可以看出,丰水期草海沉积物中 TOC 含量分布规律为:S 区(203.35g/kg)>N区(114.86g/kg)>E区(111.11g/kg),且总体上呈现距岸边越远TOC含量越高的趋势。枯水期草海沉积物中 TOC 含量分布规律为:S 区(205.61g/kg)>N 区(126.56g/kg)>E 区(93.17g/kg),且也基本呈现距岸边越远 TOC 含量越高的趋势。草海沉积物中 TOC 的含量随季节的变化规律:E区沉积物中 TOC 含量是丰水期>枯水期,S区和N区则都是枯水期沉积物中 TOC 含量略高一些。相对于 S、N 两区,E 区作为草海旅游的主线路及城市生活污水的排入口,受人类活动干扰最大,水生植被破坏较严重,沉积物受外源 TOC 影响较大,而 S、N 两区水生植被较丰富,受内源 TOC 影响较重,所以 E 区与其他两区呈现不同的季节变化规律。

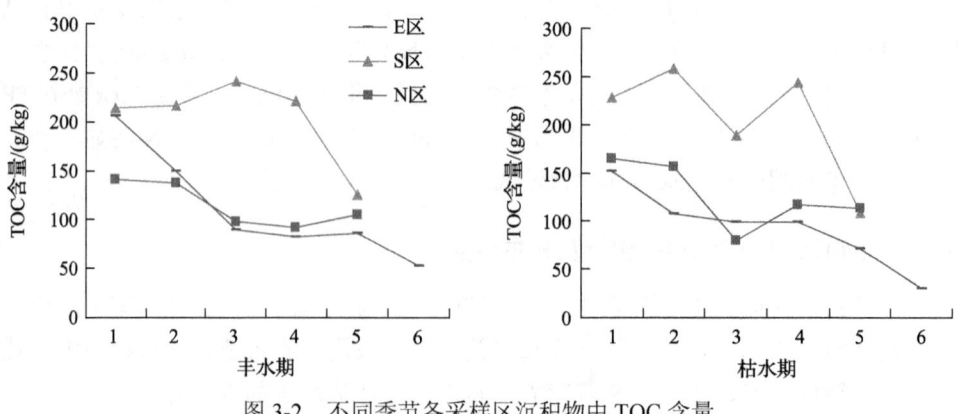

图 3-2 不同季节各采样区沉积物中 TOC 含量

图中横轴1~6指各样点编号,后同

3.2.2 草海沉积物中氮、磷含量及分布特征

氮是湖泊中重要的营养组分,它是湖泊生态系统中初级生产力的关键性限制因子。湖泊沉积物又是整个湖泊中氮素的主要贮存场所和释放库,是湖泊水体中氮的源与汇。不同形态的氮,在整个地球化学过程中也存在不同的意义,湖泊沉积物的氮形态主要分为无机氮和有机氮,氮在沉积物-水界面过程中的全部迁移转化过程包含了氨化、硝化、反硝化和氨氧化还原等一系列复杂的生物地球化学过程。

有机氮在进入沉积物以后,小部分会被埋藏固定,大部分会矿化成无机氮参与到氮循环中,同时会向水体中释放。而通过深层埋藏和反硝化过程,沉积物中也会保留湖泊水体中的无机氮。内源氮循环是富营养化过程中营养物质的重要来源,所以沉积物中不同形态氮的再生与转化在环境方面具有非常重要的意义。此外,无机氮形态的释放动力学也可以用来表征湖泊沉积物中氮生物有效性的大小。

有机氮的含量一般占沉积物总氮的 70%~90%,由于所占的比例大,部分研究直接把有机氮作为沉积物的氮库。有机氮的组成一般也可以分为两类:一类是未分解或已经部分分解了的有机物残体;另一类是腐殖质类物质,腐殖质是含氮量很高的高分子胶体有机化合物,其结构非常复杂,主要由氨基酸、蛋白质及一系列环状有机物质组成。

磷是藻类等植物细胞生长的必需元素,它是细胞生物化学反应中构成 ATP 的重要部分,在能量代谢中起着重要作用。美国环境保护署(EPA)建议总磷浓度 0.025mg/L 和正磷酸盐浓度 0.05mg/L 是湖泊、水库磷浓度的上限。大量研究还表明,湖泊氮磷比在 10~15 时,最有利于藻类繁殖。藻类等水生生物对多数形态的氮都能吸收,并可在生长环境缺氮的情况下,通过呼吸作用从大气中固氮。这一因素的存在,突出了磷限制作用的重要性,故磷已被大多数专家认为是决定湖泊生产率及影响藻类异常繁殖的限制性营养元素。磷的这种特性,也使它成为控制湖泊初级生产力的最重要因子。在外源营养负荷得到有效控制的情况下,二次富营养化的产生主要是当沉积物中氮和磷向水体释放达到某个营养水平时造成的。在一般的静水水体中,沉积物接纳了大量的污染物,大大缓解了富营养化进程,如果没有沉积物对磷的缓冲,藻华的发生将更为频繁,所以在一定程度上说,沉积物是污染汇,而不是污染源。富营养化湖泊沉积物有很高的容量暂时吸附水中的磷,然后将其释放出来。沉积物营养物质释放已成为当今国际湖沼学研究中一个非常活跃的领域。通过近几十年来的研究,人们逐渐认识到沉积物磷、氮等营养盐的释放是一个物理、化学与生物综合作用的过程。

丰水期草海沉积物中 TN 含量在 4.01(E6)～18.27g/kg(S2)，平均含量达 11.62g/kg，空间变异系数为 39.52%；碱解氮含量在 432.57(E5)～891.08mg/kg(S2)，平均含量达 664.14mg/kg，空间变异系数为 18.80%。枯水期草海沉积物中 TN 含量在 2.66(E6)～18.88g/kg(S3)，平均含量达 11.25g/kg，空间变异系数为 44.47%；碱解氮含量在 245.18(E6)～1004.06mg/kg(S4)，平均含量达 677.28mg/kg，空间变异系数为 27.10%。两个时期草海沉积物中 TN 和碱解氮含量都呈现中等程度的空间变异性，且都是枯水期变异程度较强。

由图 3-3 可以看出，草海沉积物中 TN 和碱解氮含量的分布规律与 TOC 极为相似：丰水期沉积物中 TN、碱解氮含量为 S 区(15.72g/kg、786.81mg/kg)＞N 区(10.59g/kg、639.30mg/kg)＞E 区(9.05g/kg、582.62mg/kg)，且三个采样区基本呈现距岸边越远 TN、碱解氮含量越高的趋势；枯水期沉积物中 TN 和碱解氮含量为 S 区(16.16g/kg、845.62mg/kg)＞N 区(10.50g/kg、651.97mg/kg)＞E 区(7.78g/kg、558.09mg/kg)，且三个采样区也基本呈现距岸边越远 TN、碱解氮含量越高的趋势。草海沉积物中 TN 含量随季节的变化规律：N 区和 E 区沉积物中 TN 含量是丰水期＞枯水期，S 区则相反。沉积物中碱解氮含量随季节变化规律：S 区和 N 区沉积物中碱解氮含量为枯水期＞丰水期，E 区则相反。

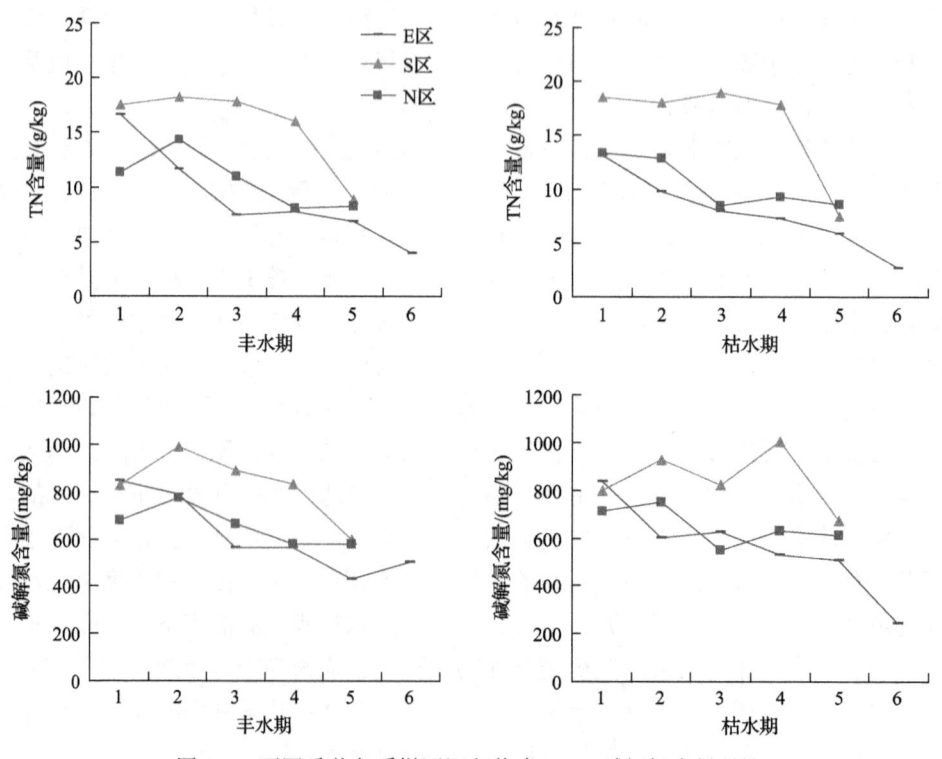

图 3-3 不同季节各采样区沉积物中 TN、碱解氮含量对比

丰水期草海沉积物中 TP 含量在 0.53(E3)～0.86g/kg(E6)，平均含量为 0.67g/kg，空间变异系数为 13.66%；有效磷含量在 13.58(S5)～36.75mg/kg(E6)，平均含量达 24.59mg/kg，空间变异系数为 23.96%。枯水期草海沉积物中 TP 含量在 0.40(S5)～0.83g/kg(S4)，平均含量为 0.62g/kg，空间变异系数为 20.00%；有效磷含量在 6.36(S5)～40.56mg/kg(E1)，平均含量达 23.83mg/kg，空间变异系数为 34.32%。两个时期草海沉积物中 TP 和有效磷含量都呈现中等程度的空间变异性，且都是枯水期变异程度较强。

由图 3-4 可以看出，丰水期各采样区沉积物中 TP 含量基本相同，E 区为 0.68g/kg、S 区为 0.67g/kg、N 区为 0.65g/kg；枯水期除 N 区沉积物中 TP 含量较低 (0.55g/kg)外，E 区、S 区均约为 0.66g/kg。丰水期草海沉积物中 TP 的含量要比枯水期略大，各区采样点间 TP 含量没有明显变化规律。丰水期各采样区沉积物中有效磷含量分布规律为 E 区(27.32mg/kg)＞N 区(24.19mg/kg)＞S 区(21.70mg/kg)；枯水期各采样区沉积物中有效磷含量分布规律为 E 区(26.03mg/kg)＞S 区(23.25mg/kg)＞N 区(21.78mg/kg)。

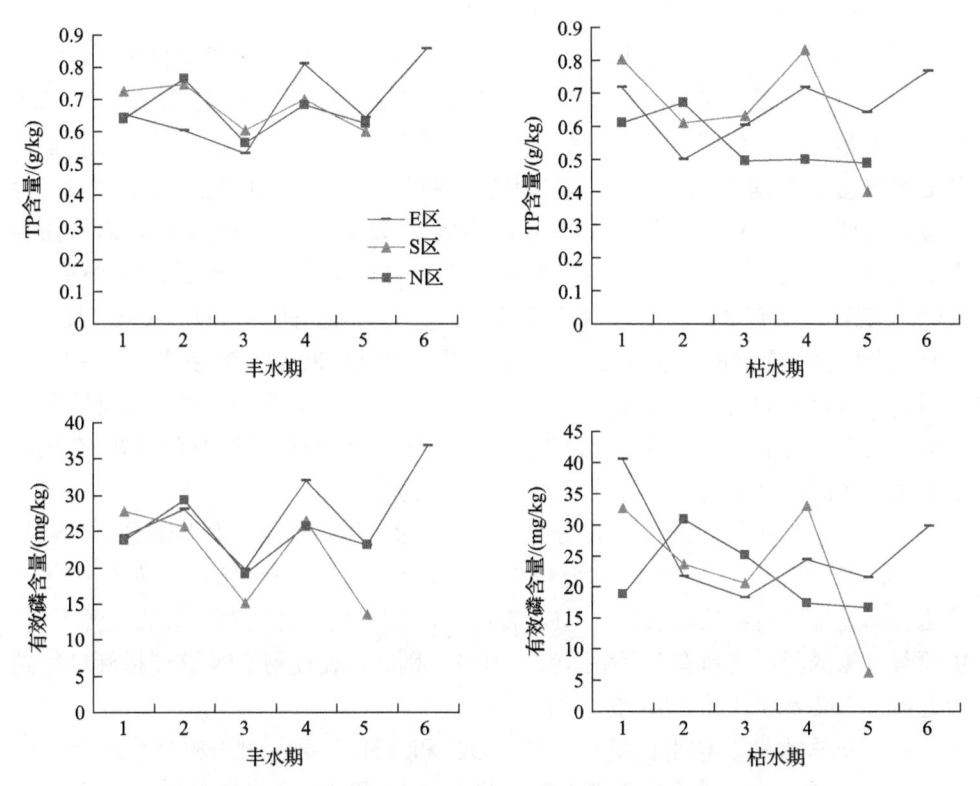

图 3-4 不同季节各采样区沉积物中 TP、有效磷含量对比

总体上，草海沉积物中 TP 含量分布比较均匀，空间差异不显著，而时间上丰水期含量要比枯水期略大。有效磷含量随季节的变化规律：E 区和 N 区都是丰水期略大于枯水期，而 S 区却是丰水期含量较小，这可能是由于丰水期 S 区水生植物远比其他两区茂盛，因而会固定一些有效磷，而枯水期水生植物死亡后会释放部分有效磷。

沉积物的营养元素主要指氮和磷，它们是植物生长的必需元素，也是富营养化的关键元素，尤其是磷，是藻类生长的主要限制因子，其来自外源，可以在沉积物中保留很长时间(Dokulil et al., 2000)。TN 和 TP 的含量可以反映湖泊水体的富营养化程度，通常富营养化严重的湖泊，其沉积物中营养盐含量也高。与南京玄武湖、云南滇池、杭州西湖、安徽巢湖等（袁旭音等，2003）典型的富营养化湖泊相比，草海沉积物中 TN 含量极高，而 TP 含量则相对较低，推测草海应属于磷限制型湖泊。

3.2.3 草海沉积物中营养元素的来源分析

(1) 草海沉积物中 TOC 与 TN 的来源分析

湖泊沉积物中有机质的来源非常复杂，对湖泊沉积物中有机质自生性和陆源性的研究对于精确地了解湖泊地球化学环境变化过程有着十分重要的意义。C/N 则被认为是可以有效判断湖泊沉积物中有机质来源的指标，不同来源的有机质，其 C/N 有显著差别。一般认为，在以木质素和纤维素为主的陆地高等植物中，含氮量比较低，一般 C/N 会达到 13~30，甚至 30 以上，已有研究表明，新鲜藻类有机质的 C/N 为 3~8，而陆生高等植物有机质的 C/N 为 20 甚至更高（吕晓霞等，2005）。沉积物中有机质的 C/N 大于 8 常常被认为是受到两种物源的影响，且 C/N 愈高，陆源输入的有机质成分就愈大。在对湖泊有机质来源的判断研究中，把 C/N 的内、外源贡献的值界定为 8，当 C/N 高于 8 时，一般定义为有机质既受陆源的影响，又有自身的影响，属于混合来源，当 C/N 小于 8 时，湖泊沉积物中有机质主要为自生源，湖泊自身具有较高的初级生产力。

事实上，沉积物中的 TN 可分为有机氮(ON)和无机氮(IN)两部分，ON 与 TOC 的来源基本一致，而 IN 主要是来自于水体中存在的亚硝酸盐、硝酸盐等含氮化合物及细颗粒物质对水体中 NH_4^+ 的吸附。这些 IN 来源与有机质的来源不同，主要与含氮的无机肥料有关（陈彬等，2011）。因此，在使用 C/N 这一指标进行判别之前，需要考虑样品中 IN 含量的大小。

对草海丰水期及枯水期沉积物中 TOC 和 TN 含量之间的相关性进行分析（图 3-5），结果可知，两个时期草海沉积物中 TOC 和 TN 含量均呈极显著正相关，且相关系数分别为 0.958 和 0.959 531，回归方程分别为 $y=0.0733x+1.2737$ 和 $y=$

0.0741x+0.9681。这说明 TN 与 TOC 具有显著的同源相关性，即草海沉积物中 TN 含量随 TOC 含量的增高而增高，TN 与 TOC 有相同或相似的来源。但当 TOC 含量为零时，TN 的含量并不随之下降到零，而是在 TN 轴上具有一正的截距，相对应的 TN 含量仍有 1.27g/kg 和 0.97g/kg 左右，这表明，沉积物 TN 中有一部分氮与 TOC 的来源不同，这部分特殊形态的氮可能主要是 IN(陈彬等，2011)。在应用 TOC/TN 这一指标对研究区沉积物中有机质的来源进行判别时，应尽可能扣除 IN 的影响，以便能更加准确地判别有机质的来源。经过校正后，丰水期草海沉积物中 TOC/ON 为 10.09~19.24，平均值为 14.06，枯水期 TOC/ON 为 10.57~17.78，平均值为 13.93，由此可见，草海沉积物中的有机质应属于混源有机质。

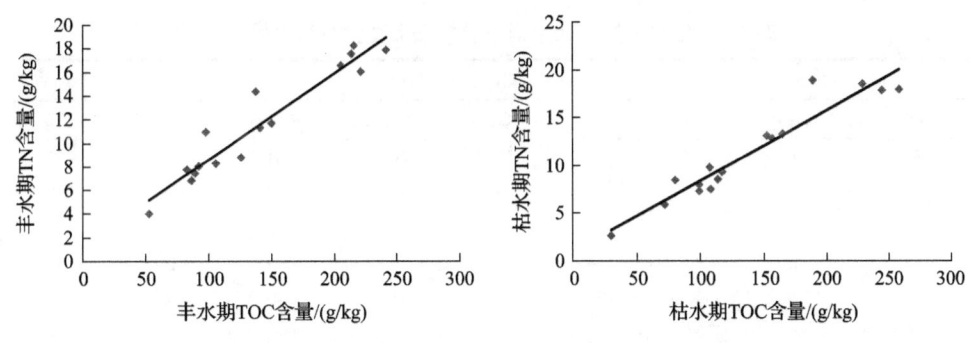

图 3-5　草海沉积物中 TOC 与 TN 含量相关分析

钱君龙等(1997)曾给出一种利用 C/N 定量估算 TOC 中内源有机碳(C_w)、氮(N_w)和陆源有机碳(C_l)、氮(N_l)的方法。依此方法，并假设水生和陆源有机质的 C/N 分别为 10 和 20(作为零级近似)，则上述参数存在如下关系：

$$TOC=C_w+C_l$$

$$ON=N_w+N_l$$

$$C_w/N_w=10$$

$$C_l/N_l=20$$

解上述关系式组成的方程组可得内源有机碳和陆源有机碳的计算公式，公式如下：

$$C_w = 20ON - TOC$$

$$C_l = 2TOC - 20ON$$

在不考虑其他因素影响的基础上，运用上述公式对三个采样区沉积物中内源有机碳和陆源有机碳的含量进行计算，结果见表 3-3、表 3-4。

表 3-3　丰水期沉积物中内源有机碳和陆源有机碳的含量

	E 区			S 区			N 区	
采样点	C_w/%	C_l/%	采样点	C_w/%	C_l/%	采样点	C_w/%	C_l/%
E1	10.14	10.39	S1	11.15	10.20	N1	6.05	8.08
E2	5.86	9.12	S2	12.41	9.17	N2	12.41	1.37
E3	3.35	5.61	S3	9.08	15.03	N3	9.55	0.20
E4	4.66	3.63	S4	7.51	14.57	N4	4.26	4.97
E5	2.47	6.16	S5	2.58	9.97	N5	3.49	7.04
E6	0.19	5.08						
平均值	4.45	6.67	平均值	8.55	11.79	平均值	7.15	4.33

表 3-4　枯水期沉积物中内源有机碳和陆源有机碳的含量

	E 区			S 区			N 区	
采样点	C_w/%	C_l/%	采样点	C_w/%	C_l/%	采样点	C_w/%	C_l/%
E1	9.07	6.12	S1	12.28	10.58	N1	8.25	8.25
E2	6.90	3.83	S2	8.26	17.52	N2	8.15	7.50
E3	4.05	5.84	S3	16.90	2.03	N3	6.88	1.16
E4	2.71	7.20	S4	9.41	14.98	N4	4.92	6.82
E5	2.72	4.45	S5	2.25	8.59	N5	3.83	7.52
E6	0.38	2.63						
平均值	4.31	5.01	平均值	9.82	10.74	平均值	6.41	6.25

由图 3-6 可以看出，丰水期草海沉积物受陆源有机碳污染程度的空间分布规律为：E 区(64.27%)＞S 区(59.60%)＞N 区(37.96%)。枯水期草海沉积物受陆源有机碳污染程度的空间分布规律为：E 区(59.55%)＞S 区(53.13%)＞N 区(47.33%)。总体上，丰水期草海沉积物中陆源有机碳污染比枯水期略严重。通常情况下，随着离岸距离的增加沉积物中陆源有机碳所占的份额会相对减少，但是图 3-6 中三个采样区沉积物的 C_l/TOC 并不完全符合这一规律，这可能是因为随着草海旅游业的快速发展，游客及商贩大量涌入，湖心作为他们逗留的主要场所，不可避免地受到较多的外源有机污染物的污染，致使湖心沉积物的 C_l/TOC 偏高。

从上述结果可以看出，陆源有机碳占 TOC 的比例较大，这可能是由于影响沉积物中 C/N 的因素有很多，如计算中水生和陆源有机质 C/N 是人为设定并非恒定等，使得上述定量计算并不准确，但对于探讨沉积物中 TOC 来源的空间变化趋势仍很有意义。

(2) 草海沉积物中 TN 与 TP 的来源分析

对草海沉积物中 TN 和 TP 含量之间的相关性进行分析(图 3-7)，结果可知，丰水期沉积物中 TN 和 TP 含量间呈负相关但不显著，相关系数为–0.02，回归方

图 3-6 草海沉积物中陆源有机碳占 TOC 的比例

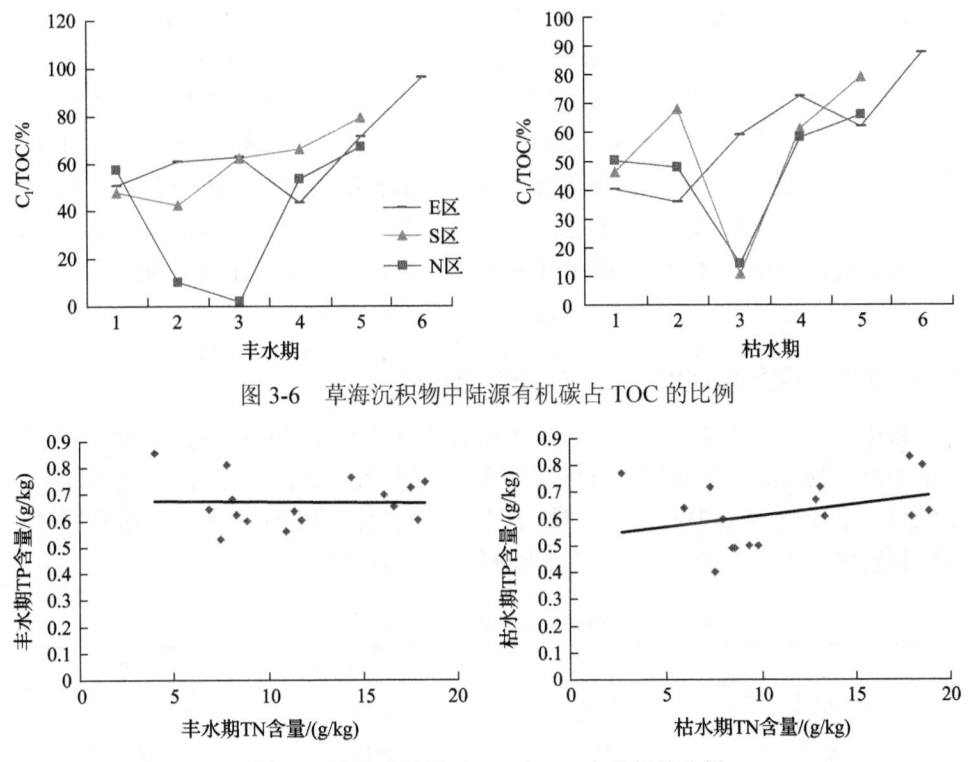

图 3-7 草海沉积物中 TN 与 TP 含量相关分析

程为 $y=-0.0004x+0.6756$；枯水期沉积物中 TN 和 TP 含量间呈不显著正相关，相关系数为 0.339 853，回归方程为 $y=0.0085x+0.5284$。由此可见 TP 与 TN 不同源。

丰水期草海沉积物中 N/P 为 4.68~29.60，由此平均为 17.56，各采样区沉积物中 N/P 的空间分布规律为：S 区(23.20)＞N 区(16.24)＞E 区(13.96)；枯水期沉积物中 N/P 为 3.47~29.95，平均为 18.18，各采样区沉积物中 N/P 的空间分布规律为：S 区(24.55)＞N 区(18.86)＞E 区(12.30)。各采样点 N/P 如图 3-8 所示。

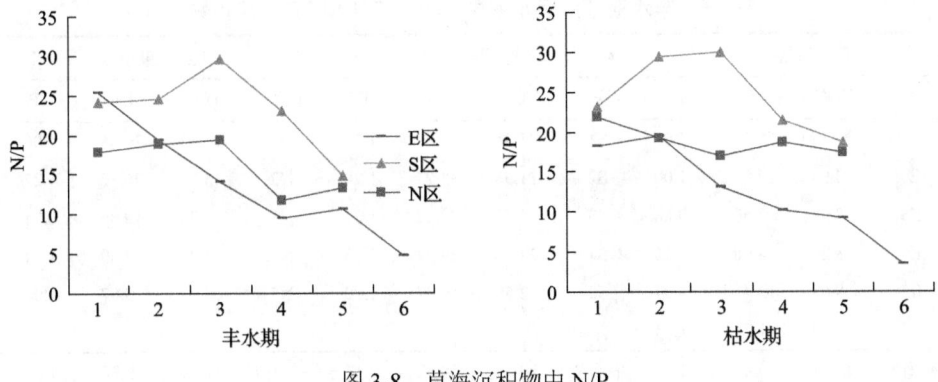

图 3-8 草海沉积物中 N/P

Redfield 提出海水中平均氮磷比是 15:1,此比例最适合浮游植物生长,但因实验室分析结果认为浮游植物的组成氮磷比是 16:1,故后来的学者多以此值作为浮游植物生长的最适氮磷比(邬畏等,2010)。由图 3-8 可以看出,E 区无论丰水期还是枯水期大部分采样点的氮磷比均小于 16:1,S 区和 N 区在丰水期近岸采样点的 N/P 也小于 16:1,说明这些区域的沉积物受陆源磷污染较为严重。这可能是由于 E 区是草海的东部区域,紧挨威宁县城,又是草海旅游的主线路,受人类社会经济活动干扰较大;而丰水期 S 区和 N 区的近岸采样点受农业面源污染较为严重。

3.2.4 草海沉积物中 TOC、TN 和 TP 污染评价

采用单因子指数法,以加拿大安大略省环境和能源部制定的沉积物质量评价指南中沉积物具有最低级别生态毒性效应时(此时沉积物已受污染,但是多数底栖生物可以承受)TOC、TN、TP 含量(表 3-5)(李任伟,1998)作为评价标准,对草海沉积物中的 TOC、TN 和 TP 等要素进行分析与评价。

表 3-5 沉积物生态毒性效应评价标准(g/kg)

	TOC	TN	TP
最低级	10.00	0.55	0.60
严重级	100.00	4.80	2.00

通过计算可知,丰水期、枯水期草海沉积物中 TP 的污染指数分别为 1.12 和 1.04,说明沉积物中 TP 已构成轻微污染,且丰水期污染略重;而两个时期沉积物中 TOC(TN)的污染指数分别为 14.31(21.43)和 14.18(20.87),说明草海沉积物中 TOC 和 TN 污染十分严重,而且也是丰水期污染较重。由计算所得的各区 TOC、TN 和 TP 的污染指数(表 3-6、表 3-7)可知,草海各采样区沉积物中 TP 的污染程度为 E 区>S 区>N 区,TOC 和 TN 的污染程度为 S 区>N 区>E 区。

表 3-6 丰水期草海沉积物中 TOC、TN 和 TP 污染指数

E 区污染指数				S 区污染指数				N 区污染指数			
采样点	TOC	TN	TP	采样点	TOC	TN	TP	采样点	TOC	TN	TP
E1	20.54	30.21	1.09	S1	21.36	31.87	1.21	N1	14.13	20.65	1.06
E2	14.99	21.27	1.00	S2	21.58	33.22	1.24	N2	13.78	26.12	1.27
E3	8.96	13.50	0.88	S3	24.11	32.48	1.01	N3	9.75	19.86	0.94
E4	8.29	14.08	1.35	S4	22.08	29.22	1.16	N4	9.24	14.59	1.14
E5	8.63	12.41	1.07	S5	12.55	16.07	1.00	N5	10.54	15.07	1.04
E6	5.27	7.28	1.43								
平均值	11.11	16.46	1.14	平均值	20.34	28.57	1.12	平均值	11.49	19.26	1.09

表 3-7　枯水期草海沉积物中 TOC、TN 和 TP 污染指数

采样点	E区污染指数 TOC	TN	TP	采样点	S区污染指数 TOC	TN	TP	采样点	N区污染指数 TOC	TN	TP
E1	15.19	23.82	1.20	S1	22.86	33.71	1.34	N1	16.50	24.25	1.01
E2	10.73	17.78	0.83	S2	25.78	32.71	1.02	N2	15.65	23.40	1.12
E3	9.89	14.44	1.01	S3	18.93	34.33	1.05	N3	8.04	15.33	0.82
E4	9.91	13.24	1.20	S4	24.39	32.49	1.38	N4	11.74	16.91	0.83
E5	7.17	10.75	1.07	S5	10.84	13.65	0.67	N5	11.35	15.56	0.82
E6	3.01	4.84	1.28								
平均值	9.32	14.15	1.10	平均值	20.56	29.38	1.09	平均值	12.66	19.09	0.92

草海丰水期和枯水期沉积物中 TOC 的含量分别为 141.11g/kg、138.74g/kg，TN 含量分别为 11.62g/kg、11.25g/kg，若按照加拿大安大略省环境和能源部制定的沉积物质量评价指南，沉积物具有严重级别生态毒性效应(此时底栖生物群落已遭受明显损害)的 TOC、TN 浓度分别为 100g/kg、4.8g/kg，则草海沉积物中 TOC 和 TN 含量足以造成严重级别生态毒性效应。丰水期和枯水期沉积物中 TP 的含量分别为 0.67g/kg 和 0.62g/kg，均略高于 0.6g/kg，但是远低于沉积物具有严重级别生态毒性效应时 TP 的浓度(2g/kg)，说明草海沉积物中 TP 造成的生态毒性效应较弱，对环境产生的危害较小。

研究表明，酸性或碱性条件都明显地促进沉积物氮的释放，中性条件下，氮的释放量最小，尤其是强酸性和弱碱性水质，极大地促进氮的释放；酸性或碱性条件会促进磷的释放，中性条件下，磷的释放量最小。草海沉积物 pH 在 5.74~7.57，平均为 7.04，偏中性或弱酸性，所以若不考虑其他因素的影响，草海沉积物中氮磷释放量应相对较小，对水体产生的污染也相对较小。

3.3　沉积物中重金属元素的时空分布特征

草海周边曾出现对环境污染较为严重的土法炼锌工艺、土法炼锌废矿渣乱堆的现象，可见草海流域地质环境中土壤重金属具有天然的高背景属性，加上后人人为开采后废弃物质的处置不当，造成草海自然生态环境中重金属的积累。

沉积物重金属污染是对环境质量和人类健康最大的威胁之一。重金属通过各种途径进入水体环境，并在水环境中经过物理、化学等作用富集到沉积物中。沉积物中的重金属与上覆水体在浓度上存在一种平衡关系。另外，水体中各种无机盐配位体和底泥中有机配位体形成络合物或螯合物，导致重金属有更大的水溶解

度进入水体。重金属污染物不能降解，只能发生形态转化或分散和富集。重金属元素能和生物体内许多成分结合形成稳定的结合物，部分糖类的分子结构中有醛基，都是由半缩醛羟基与醇羟基缩合而成的，而半缩醛羟基有可能转变为醛基而具有还原性。在还原性底泥中，重金属离子易被还原，导致毒性下降而沉降。进入环境的重金属通常以水为介质发生迁移、转化和浓集。环境中浓度低的重金属通过食物链传递和放大，可以在高营养级生物体中富集，使重金属的生态风险大大增加。生物体不同器官对毒物的富集程度具有较大差异。生物富集量的大小取决于污染物性质，即受污染物的物质结构、元素价态、存在形态、溶解度及环境因子等控制。一般来说，水体中污染物浓度越高，生物体对污染物的积累量越大。另外，底泥中其他有机物等固体颗粒的含量在很大程度上影响重金属的富集。由于底泥中固体颗粒具有一定的吸附能力，当进入水体环境中的重金属与底泥接触时，固体颗粒通过吸附作用使重金属大部分沉积到底泥中并在底泥中富集。国内外很多学者在过去的几十年中研究了各种各样的底泥污染，已有的研究表明，进入水系的重金属主要在水体底泥(包括悬浮物和底泥)中富集，底泥中大部分金属总量的浓度比水体中的浓度高出几个数量级。一方面，底泥中的重金属污染反映了水体受污染的状况，其含量和形态的分布特征决定着底泥对人体及其他生物与水体的影响程度；另一方面，在环境条件改变时，束缚在底泥中的重金属可被释放出来造成二次污染，对水环境、生物及人类具有危害作用，因此研究者应首先重视底泥中重金属含量的研究。

随着对底泥研究的深入，底泥中重金属的总量已经不能满足研究的需要，重金属的总量不能够全面体现底泥污染对生态和人体的危害，同时重金属在底泥中的迁移性及生物可利用性等都不能用重金属的总量来反映。底泥中重金属存在形态的研究能够揭示各种重金属在底泥中的存在状态、形态、毒性及可能产生的环境危害，另外重金属污染物的生物有效性和迁移行为也会产生差异。

3.3.1 草海沉积物中重金属含量状况

重金属在湖泊沉积物中的沉积、富集受水体环境条件的影响。当水体环境改变，如pH、离子强度、温度等条件变化时，底泥中的重金属又会重新释放到上覆水体中，对水体环境造成二次污染。水体环境条件不但与其释放有关，而且在一定条件下其形态会发生改变。

由表3-8可知，草海湖泊沉积物中7种重金属含量存在很大差异，说明沉积物中重金属含量受外在因素的影响明显。重金属含量的最大值与最小值差别较大，达到数倍甚至数十倍的差异，可见各采样点重金属含量的分布并不均匀。

表 3-8 草海沉积物中重金属含量的统计特征

项目	Cd	Cr	Pb	Hg	As	Cu	Zn
最小值/(mg/kg)	1.48	22.30	19.90	0.07	14.11	9.13	231.48
最大值/(mg/kg)	37.29	55.89	67.40	1.98	27.93	33.55	702.50
平均值/(mg/kg)	18.09	37.88	34.46	0.54	17.20	18.56	431.31
中值/(mg/kg)	16.12	38.69	29.55	0.37	16.98	17.85	398.60
标准偏差/(mg/kg)	10.17	8.23	12.93	0.43	2.71	5.18	136.37
变异系数/%	56.19	21.73	37.52	79.63	15.76	27.91	31.62

重金属污染物进入湖泊后，受气候、水文、地质和生物等各种因素的影响，发生空间位置和分布范围的变化。重金属的迁移过程中往往伴随价态、存在形态的变化。物理迁移、物理-化学迁移和化学迁移是重金属的主要迁移方式，河流的水动力性质控制重金属的物理迁移，如重力作用下的沉淀、再悬浮、随水扩散等物理过程。而水环境的氧化-还原电位、pH 等因素则控制河流中重金属的溶解、共沉淀、氧化还原、水解、络合、分子扩散等化学迁移过程。水生生物通过有机体的吸收、代谢、繁殖等生理过程使重金属发生迁移。沉积物中的重金属能够再次释放到水体环境中主要受以下两个方面因素的影响：一方面，由于环境条件如水流为紊流等干扰，部分形态的重金属通过物理悬浮作用能够再次释放到上覆水体环境中；另一方面，河流中的环境化学条件主要包括 pH、离子强度、温度等，它们对沉积物中重金属的结合形态乃至重金属释放存在不同程度的影响。

3.3.2 草海沉积物中重金属的时空分布特征

(1) 草海沉积物中重金属的空间分布特征

草海沉积物中重金属含量水平如表 3-9 所示，所研究的 7 种重金属含量在 3 条采样线上趋势基本一致，表现为 Zn>Cr>Pb>Cu>As>Cd>Hg。与贵州省土壤重金属背景值相比，草海沉积物中 Cd、Zn、Hg 均高于背景值，以 Cd 累积负荷最严重，供试样本中 Cd 含量是背景值的 3~57 倍，Zn 含量是背景值的 2~7 倍，Hg 含量是背景值的 2~13 倍，可见以上 3 种重金属在草海沉积物中出现了明显的富集。导致这种现象的原因可从两方面来考虑：一方面草海位于贵州西部的 Cd、Hg 高背景值区域，土壤中 Cd、Hg 含量比全省的其他地区都高(宋春然等，2005)；另一方面主要是由草海周边及邻县曾存在的土法炼锌工艺所致(彭德海等，2011)，Cd、Hg 均不同程度地与 Zn 伴生，在草海周边曾出现大规模土法炼锌产生的大量废渣，重金属在长期的自然环境行为下富集于草海沉积物中。供试样本中 Cr 含量均低于背景值，Pb、As、Cu 含量超过背景值的供试样本中分别占 38%、19%和 6%。

表 3-9 草海沉积物中重金属含量(mg/kg)

编号	Cd	Cr	Pb	Hg	As	Cu	Zn
E1	27.61	41.21	67.42	0.52	17.76	15.74	702.50
E2	14.58	35.83	27.04	0.52	15.39	16.15	365.28
E3	10.17	40.82	20.55	0.63	16.37	17.96	297.73
E4	9.13	38.49	29.44	0.51	16.45	20.65	278.90
E5	6.47	39.23	19.91	0.17	14.83	17.74	237.20
E6	2.31	48.32	60.13	0.38	27.93	33.55	361.60
S1	31.95	45.33	54.72	1.37	20.59	21.23	689.06
S2	37.29	33.42	34.33	0.74	18.01	18.49	695.05
S3	17.70	45.31	30.86	0.45	21.85	17.48	505.75
S4	21.03	55.89	29.07	0.75	18.51	20.43	464.80
S5	10.54	46.33	23.72	0.56	18.62	24.77	307.80
N1	31.65	37.33	39.54	0.23	17.03	15.09	520.16
N2	33.06	26.41	55.36	1.17	18.06	13.09	475.40
N3	15.83	44.56	28.34	0.70	15.09	13.07	407.24
N4	9.20	44.16	22.49	0.23	15.99	16.78	314.17
N5	21.46	42.68	25.53	0.38	14.89	9.13	504.38

在空间分布上，沉积物中7种重金属在3条采样路线上的分布规律大致表现为由湖心向湖畔逐渐减少的趋势，其中以Cd、Pb、Zn的这种变化趋势最为明显，且数据离散度较大，而Cr、As空间分布差异不是很明显。在E线上，采样点由湖心向湖畔靠近，Cd含量由27.61mg/kg减小到2.31mg/kg，降低了91.6%，Pb含量由67.42mg/kg减小到19.91mg/kg，降低了70.5%，Zn含量由702.5mg/kg降到237.2mg/kg，降低了66.2%。这主要是因为E线为草海湖入口主航线，大量船只由此进入湖泊，加速了水体的流动性，间接影响了重金属迁移沉积的速率及空间分布，且在E线上重金属含量从湖心到湖畔逐渐减少，而靠近湖畔的E6点含量除Cd外均高于E5点，主要因为E6点接近航渡码头，人为活动对水质环境的影响严重。比较3条采样线上的重金属含量特征发现，7种重金属在3条线上的分布特征表现为S>N>E，沉积物中重金属在S线上几个采样点含量偏高，且分布较集中，而在E线的采样点上数据分散性大，除湖心处采样点重金属含量较高外，其余点沉积物中重金属含量略低，这主要与湖面人类活动对水环境流动性的影响有关，E线为草海的上游，大部分船只均能到达，S线主要是草海的静水区，湖水清澈。

(2)草海沉积物中重金属的时间分布特征

丰水期草海沉积物中Cd含量在1.48(E6)～33.83mg/kg(S2)（图3-9），平均含量达17.43mg/kg，空间变异系数为58.11%，其空间分布规律为：S区（23.55mg/kg）

>N区(20.99mg/kg)>E区(9.37mg/kg);枯水期草海沉积物中Cd含量在2.31(E6)~37.29mg/kg(S2),平均含量达18.75mg/kg,空间变异系数为57.66%,其空间分布规律为:S区(23.70mg/kg)>N区(22.24mg/kg)>E区(11.71mg/kg)。无论丰水期还是枯水期,草海沉积物中Cd含量都呈现中等程度的空间变异,且在丰水期空间变异性较强。

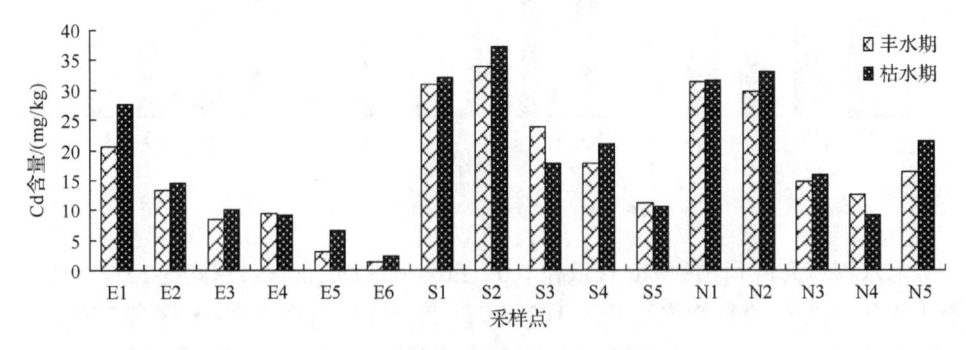

图 3-9 草海沉积物中 Cd 含量

丰水期草海沉积物中 Cr 含量在 22.30(N2)~49.33mg/kg(S4)(图 3-10),平均含量达 34.19mg/kg,空间变异系数为 23.65%,其空间分布规律为:E 区(37.60mg/kg)>S区(36.29mg/kg)>N区(27.99mg/kg);枯水期草海沉积物中Cr含量在26.41(N2)~55.89mg/kg(S4),平均含量达 41.58mg/kg,空间变异系数为 16.21%,其空间分布规律为:S 区(45.26mg/kg)>E 区(40.65mg/kg)>N 区(39.03mg/kg)。两个时期草海沉积物中 Cr 含量都呈现中等程度的空间变异,且在丰水期空间变异性较强。

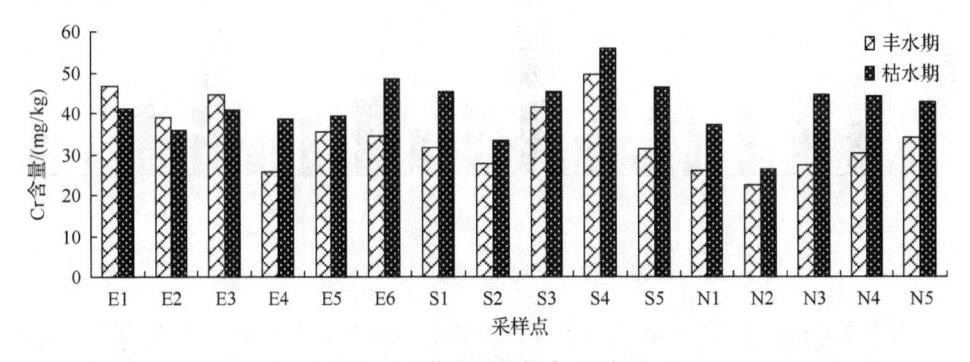

图 3-10 草海沉积物中 Cr 含量

丰水期草海沉积物中 Pb 含量在 21.90(E5)~53.40mg/kg(E1)(图 3-11),平均含量达 33.43mg/kg,空间变异系数为 31.30%,其空间分布规律为:S 区(33.83mg/kg)>E区(33.63mg/kg)>N区(32.78mg/kg);枯水期草海沉积物中Pb含量在19.90(E5)~67.40mg/kg(E1),平均含量达 35.49mg/kg,空间变异系数为 43.06%,其空间分布规律为:E 区(37.40mg/kg)>S 区(34.50mg/kg)>N 区(34.20mg/kg)。两个时期草

海沉积物中 Pb 含量都呈现中等程度的空间变异,且在枯水期空间变异性较强。

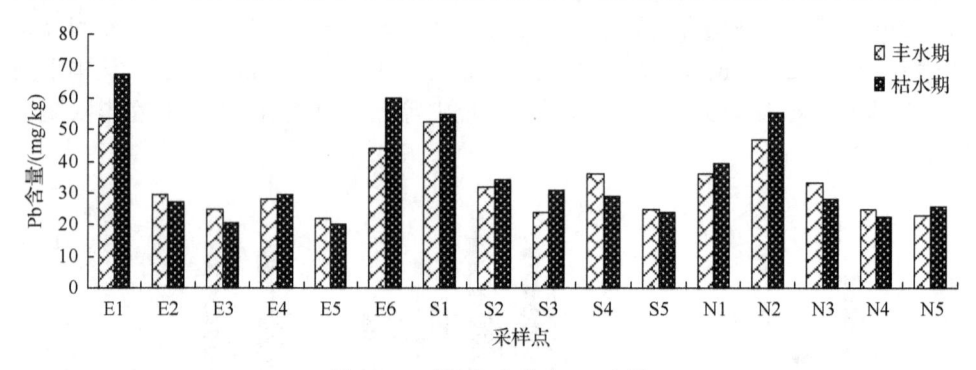

图 3-11 草海沉积物中 Pb 含量

丰水期草海沉积物中 Hg 含量在 0.07(E6)~1.98mg/kg(S1)(图 3-12),平均含量达 0.50mg/kg,空间变异系数为 103.86%,其空间分布规律为:S 区(0.77mg/kg)＞N 区(0.51mg/kg)＞E 区(0.27mg/kg);枯水期草海沉积物中 Hg 含量在 0.17(E5)~1.37mg/kg(S1),平均含量达 0.58mg/kg,空间变异系数为 55.53%,其空间分布规律为:S 区(0.77mg/kg)＞N 区(0.54mg/kg)＞E 区(0.46mg/kg)。丰水期草海沉积物中 Hg 含量呈现强空间变异性,而枯水期则呈现中等程度的空间变异性,可见草海沉积物中 Hg 含量的空间变异性是丰水期较强。

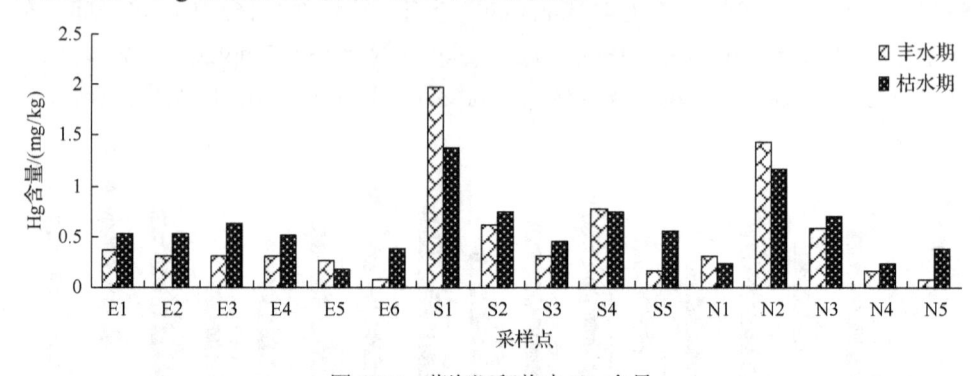

图 3-12 草海沉积物中 Hg 含量

丰水期草海沉积物中 As 含量在 14.11(E4)~19.58mg/kg(S1)(图 3-13),平均含量达 16.43mg/kg,空间变异系数为 10.27%,其空间分布规律为:S 区(17.41mg/kg)＞E 区(16.26mg/kg)＞N 区(15.66mg/kg);枯水期草海沉积物中 As 含量在 14.83(E5)~27.93mg/kg(E6),平均含量达 17.96mg/kg,空间变异系数为 18.51%,其空间分布规律为:S 区(19.52mg/kg)＞E 区(18.12mg/kg)＞N 区(16.21mg/kg)。两个时期草海沉积物中 As 含量都呈现中等程度的空间变异,且在枯水期空间变异性较强。

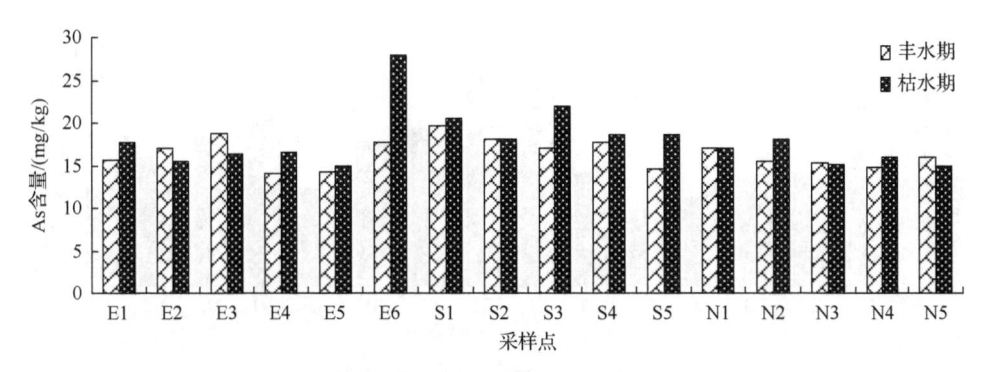

图 3-13　草海沉积物中 As 含量

丰水期草海沉积物中 Cu 含量在 12.91（N3）～32.30mg/kg（E6）（图 3-14），平均含量达 18.91mg/kg，空间变异系数为 26.34%，其空间分布规律为：S 区（21.81mg/kg）＞E 区（19.02mg/kg）＞N 区（15.87mg/kg）；枯水期草海沉积物中 Cu 含量在 9.13（N5）～33.55mg/kg（E6），平均含量达 18.21mg/kg，空间变异系数为 30.29%，其空间分布规律为：S 区（20.48mg/kg）＞E 区（20.30mg/kg）＞N 区（13.43mg/kg）。两个时期草海沉积物中 Cu 含量都呈现中等程度的空间变异，且在枯水期空间变异性较强。

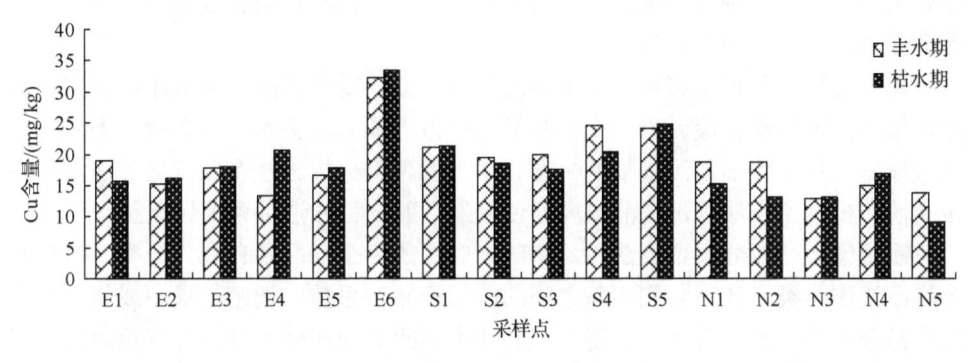

图 3-14　草海沉积物中 Cu 含量

丰水期草海沉积物 Zn 含量在 231.48（E5）～696.80mg/kg（S1）（图 3-15），平均含量达 417.19mg/kg，空间变异系数为 29.32%，其空间分布规律为：S 区（493.29mg/kg）＞N 区（419.20mg/kg）＞E 区（352.10mg/kg）；枯水期草海沉积物中 Zn 含量在 237.20（E5）～702.50mg/kg（E1），平均含量达 445.44mg/kg，空间变异系数为 34.08%，其空间分布规律为：S 区（532.49mg/kg）＞N 区（444.27mg/kg）＞E 区（373.87mg/kg）。两个时期草海沉积物中 Zn 含量都呈现中等程度的空间变异，且在枯水期空间变异性较强。

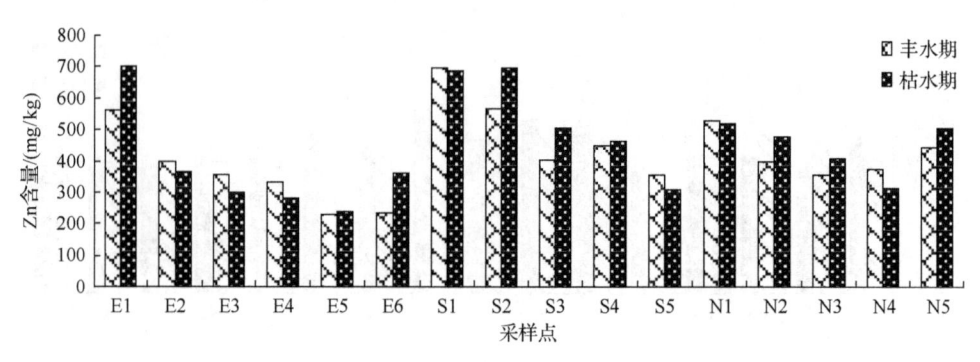

图 3-15 草海沉积物中 Zn 含量

总体上，草海沉积物中除 Cu 外，其他 6 种重金属的含量在时间上的分布规律都是枯水期＞丰水期，三个采样区也都符合这一规律；而沉积物中 Cu 的含量在时间上的分布规律为：S 区和 N 区都是丰水期含量较高，E 区则相反。

3.3.3 草海沉积物中重金属含量的聚类分析

聚类分析也称群分析或点群分析，是根据样本自身的属性，用数学方法直接比较各事物之间的性质，按照某些相似性或差异性指标，定量地确定样本之间的亲疏关系，并按这种亲疏关系程度对样本进行聚类，将性质相近的归为一类，将性质差别较大的归入不同的类。

聚类分析是分析土壤环境中重金属含量特征的重要手段，聚类冰柱图和树状图可以形象地反映土壤元素间或样品间的相似性或亲疏关系，并有效地揭示土壤重金属复合污染特征及污染物的来源。常见的聚类分析方法有系统聚类法、动态聚类法和模糊聚类法等，目前国内外使用最多的一种方法是系统聚类法。

系统聚类法即分层聚类法，是将研究对象的多个样品各自视为一类，并将几个样品认作同类，计算它们相互之间的距离或相似系数，把距离最小或相似最大的样品合并为一类，再计算所得类与其他类的距离或相似系数，并将距离最小或相似最大的样品合并为一类，如此逐步进行类的合并，直至所有的样品归为一类为止。分层聚类法可以用于样本聚类（Q 型），也可用于变量聚类（R 型）。

采用统计软件 SPSS 13.0 对草海沉积物中 7 种重金属的含量进行系统聚类分析。以沉积物中 7 种重金属元素的含量作为变量参数（variable），将数据进行标准化转换，对距离的测度方法选择欧氏距离法（Euclidean distance），以离差平方和法进行变量聚类（R 型）分析（图 3-16）。

R 型分析更能直观地看出各重金属元素之间的远近亲疏关系，最先连接且距离最短的元素之间来源相似，距离的长短代表元素间来源的差异程度。由图 3-16 可以看出，Cd 和 Zn 的距离最近，说明其来源最为相似，而与其他元素来源差异

```
    案例
元素名称  序号  0      5      10     15     20     25
              +--------+--------+--------+--------+--------+
    Cd    1   -+----------------+
    Zn    7   -+                +-------------------------+
    Pb    3   ----------------+----+
    Hg    4   ----------------+
    As    5   ---------------+--------+
    Cu    6   ---------------+        +
    Cr    2   -----------------------------------------
```

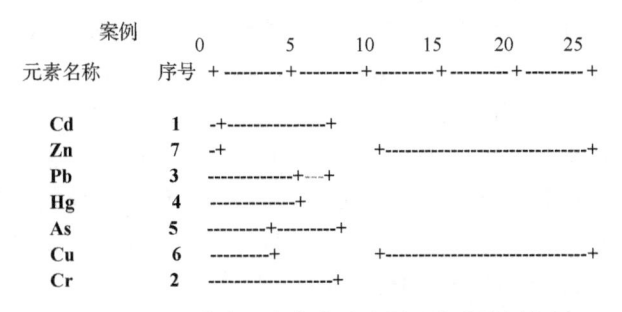

图 3-16　草海沉积物中重金属元素聚类树状图

度最高的则是 Cr。在聚类树状图上，当距离小于 10 时，7 种重金属可分为 3 组：第一组是 Cd-Zn-Pb-Hg，又可以细分为 Cd-Zn 和 Pb-Hg 两组；第二组是 As-Cu；最后一组是 Cr。由此可以推测，Cd、Zn、Pb、Hg 四种元素污染源相同或相似，As、Cu 污染源相同或相似，而 Cr 与其他 6 种重金属来源的相似度最低。

3.3.4　草海沉积物中重金属污染评价

以贵州省土壤元素背景值(中国环境监测总站,1990)作为评价基准(表 3-10)，运用单因子指数法和污染负荷指数法对草海湿地土壤重金属污染情况进行评价，分级标准见表 3-11。

表 3-10　沉积物中重金属污染评价基准(mg/kg)

重金属元素	Cd	Cr	Pb	Hg	As	Cu	Zn
贵州土壤元素背景值	0.659	95.9	35.2	0.110	20.0	32.0	99.5

表 3-11　重金属污染分级标准

单项污染指数	P_i 污染等级	污染负荷指数法	P_{LI} 污染等级
$P_i \leq 1.0$	非污染	$P_{LI} < 1.0$	无污染
$1.0 < P_i \leq 2.0$	轻度污染	$1.0 \leq P_{LI} < 2.0$	中等污染
$2.0 < P_i \leq 3.0$	中度污染	$2.0 \leq P_{LI} < 3.0$	强污染
$P_i > 3.0$	重污染	$P_{LI} \geq 3.0$	极强污染

(1) 单因子指数法

草海周边农用地 7 种重金属含量超标的有 Cd、Pb、Hg、As 和 Zn，其中 Cd、Hg 达到重污染程度，Zn 为中度污染，Pb 和 As 为轻度污染。沼泽草地 7 种重金属含量超标的有 Cd、Hg 和 Zn，其中 Cd、Hg 达到重污染程度，Zn 为中度污染。林地 7 种重金属含量超标的有 Cd、Hg、As 和 Zn，且都达到轻度污染程度。

丰水期草海沉积物中 P_{Cd} 在 2.25～51.34，平均值 26.45(表 3-12)，各采样区污染程度为：S 区(35.74)＞N 区(31.85)＞E 区(14.22)，且各采样点 Cd 超标率达

100%；P_{Cr}在 0.23~0.51，平均值 0.36，各采样点 Cr 含量均未超标；P_{Pb}在 0.62~1.52，平均值 0.95，E1、E6、S1、S4、N1、N2 六个点 Pb 含量已达到轻度污染水平，超标率 37.50%；P_{Hg}在 0.64~18.00，平均值 4.54，各采样区污染程度为：S 区(6.96)＞N 区(4.65)＞E 区(2.43)，除 E6、N5 外，其他采样点均已污染，污染率 87.50%；P_{As}在 0.71~0.98，平均值 0.82，各采样点 As 含量均未超标；P_{Cu}在 0.40~1.01，平均值 0.59，E6 轻度污染，超标率 6.25%；P_{Zn}在 2.33~7.00，平均值 4.19，各采样区污染程度为：S 区(4.96)＞N 区(4.21)＞E 区(3.54)，各采样点 Zn 超标率 100%。

表 3-12 草海湿地土壤重金属单因子污染指数

采样点	Cd 丰水期	Cd 枯水期	Cr 丰水期	Cr 枯水期	Pb 丰水期	Pb 枯水期	Hg 丰水期	Hg 枯水期	As 丰水期	As 枯水期	Cu 丰水期	Cu 枯水期	Zn 丰水期	Zn 枯水期
E1	31.20	41.90	0.49	0.43	1.52	1.91	3.36	4.73	0.79	0.89	0.60	0.49	5.65	7.06
E2	20.17	22.12	0.41	0.37	0.84	0.77	2.73	4.73	0.85	0.77	0.47	0.50	3.98	3.67
E3	12.78	15.43	0.47	0.43	0.71	0.58	2.73	5.73	0.94	0.82	0.55	0.56	3.57	2.99
E4	14.31	13.85	0.27	0.40	0.80	0.84	2.73	4.64	0.71	0.82	0.41	0.65	3.34	2.80
E5	4.58	9.82	0.37	0.41	0.62	0.57	2.36	1.55	0.74	0.74	0.52	0.55	2.33	2.38
E6	2.25	3.51	0.36	0.50	1.24	1.71	0.64	3.45	0.89	1.40	1.01	1.05	2.37	3.63
S1	46.86	48.48	0.33	0.47	1.48	1.55	18.00	12.45	0.98	1.03	0.66	0.66	7.00	6.93
S2	51.34	56.59	0.29	0.35	0.90	0.97	5.64	6.73	0.90	0.90	0.61	0.58	5.69	6.99
S3	36.27	26.86	0.43	0.47	0.68	0.88	2.73	4.09	0.85	1.09	0.62	0.55	4.03	5.08
S4	27.09	31.91	0.51	0.58	1.03	0.82	7.00	6.82	0.89	0.93	0.77	0.64	4.51	4.67
S5	17.15	15.99	0.33	0.48	0.71	0.67	1.45	5.09	0.73	0.93	0.75	0.77	3.56	3.09
N1	47.62	48.03	0.27	0.39	1.03	1.12	2.73	2.09	0.85	0.85	0.58	0.47	5.29	5.23
N2	45.05	50.17	0.23	0.28	1.32	1.57	13.09	10.64	0.77	0.90	0.59	0.41	3.98	4.78
N3	22.52	24.02	0.29	0.46	0.95	0.80	5.27	6.36	0.76	0.75	0.40	0.41	3.56	4.09
N4	19.17	13.96	0.32	0.46	0.70	0.64	1.45	2.09	0.74	0.80	0.47	0.52	3.77	3.16
N5	24.90	32.56	0.36	0.45	0.66	0.72	0.73	3.45	0.80	0.74	0.43	0.29	4.46	5.07
平均值	26.45	28.45	0.36	0.43	0.95	1.01	4.54	5.29	0.82	0.90	0.59	0.57	4.19	4.48

枯水期草海沉积物中 P_{Cd}在 3.51~56.59，平均值 28.45，各采样区污染程度为：S 区(35.97)＞N 区(33.75)＞E 区(17.77)，且各采样点 Cd 超标率达 100%；P_{Cr}在 0.28~0.58，平均值 0.43，各采样点 Cr 含量均未超标；P_{Pb}在 0.57~1.91，平均值 1.01，E1、E6、S1、N1、N2 五个点 Pb 含量已达到轻度污染水平，超标率 31.25%；P_{Hg}在 1.55~12.45，平均值 5.29，各采样区污染程度为：S 区(7.04)＞N 区(4.93)＞E 区(4.14)，污染率 100%；P_{As}在 0.74~1.40，平均值 0.90，E6、S1、S3 轻度污染，超标率 18.75%；P_{Cu}在 0.29~1.05，平均值 0.57，E6 轻度污染，超标率 6.25%；P_{Zn}在 2.38~7.06，平均值 4.48，各采样区污染程度为：S 区(5.35)＞N 区(4.47)

>E 区(3.76)，各采样点 Zn 超标率 100%。

综上所述，草海沉积物 7 种重金属中，对环境构成污染的有 Cd、Hg 和 Zn，且均已达到重污染程度，其污染程度为 Cd(P_{Cd}=27.45) > Hg(P_{Hg}=4.92) > Zn(P_{Zn}=4.34)；除此之外，其他元素 P_i 平均值均小于 1，尚未构成污染。时间上，Cd、Hg 和 Zn 的污染程度都是枯水期较为严重；空间上，3 种重金属的污染程度都是 S 区>N 区>E 区，且基本呈现出距岸边越远污染越严重的趋势。可见，草海沉积物中各种重金属元素的富集程度差异极大。

(2) 污染负荷指数法

由表 3-13 可以发现，在丰水期 16 个采样点中，有 11 个点重金属含量达到中等污染水平，另外 7 个点重金属含量均达到强污染水平，三个采样区沉积物中重金属污染程度为 S 区>N 区>E 区，丰水期草海沉积物中重金属总体污染指数为 1.68，达到中等污染水平；在枯水期 16 个采样点中，有 10 个点重金属含量达到中等污染水平，6 个达到强污染水平，三个采样区沉积物中重金属污染程度为 S 区>N 区>E 区，枯水期草海沉积物中重金属总体污染指数为 1.89，达到中等污染水平。

表 3-13 草海沉积物中重金属污染指数及污染状况

采样区	采样点	丰水期 PLI$_{site}$	污染程度	PLI$_{zone}$	污染程度	枯水期 PLI$_{site}$	污染程度	PLI$_{zone}$	污染程度
E 区	E1	2.14	强污染	1.43	中等污染	2.43	强污染	1.69	中等污染
	E2	1.63	中等污染			1.71	中等污染		
	E3	1.55	中等污染			1.63	中等污染		
	E4	1.35	中等污染			1.64	中等污染		
	E5	1.12	中等污染			1.19	中等污染		
	E6	1.04	中等污染			1.77	中等污染		
S 区	S1	2.93	强污染	2.06	强污染	2.98	强污染	2.26	强污染
	S2	2.18	强污染			2.41	强污染		
	S3	1.80	中等污染			2.02	强污染		
	S4	2.27	强污染			2.25	强污染		
	S5	1.41	中等污染			1.79	中等污染		
N 区	N1	1.91	中等污染	1.67	中等污染	1.91	中等污染	1.82	中等污染
	N2	2.29	强污染			2.36	强污染		
	N3	1.66	中等污染			1.84	中等污染		
	N4	1.35	中等污染			1.41	中等污染		
	N5	1.31	中等污染			1.69	中等污染		

注：PLI$_{site}$ 为某一点的污染负荷指数；PLI$_{zone}$ 为某一区域的污染负荷指数

(3) 潜在生态危害法

以贵州省土壤背景值为参比值，采用潜在生态危害指数法，计算出草海沉积物中各种重金属的污染程度，如表 3-14 所示。草海沉积物中 Cd 污染程度最为严重，几种重金属的污染程度依次为 Cd>Hg>Zn>Pb>As>Cu>Cr。结合表 3-15 中的单因子污染程度分级，Cd 污染仅在 E6 采样点为重污染水平，其余各采样点均为严重污染水平，Hg、Zn 污染程度均达到中等以上水平，其中有 38%的样本中 Hg、19%的样本中 Zn 达到严重污染程度，Hg 为重污染程度的样本占 44%，Zn 为重污染的样本占 75%。Pb、As、Cu、Cr 污染程度系数均为 0~2，为中等污染或更轻微程度。

表 3-14 草海沉积物中重金属单因子污染程度及综合污染程度

编号	E1	E2	E3	E4	E5	E6	S1	S2	S3	S4	S5	N1	N2	N3	N4	N5
Cd	42	22	15	14	10	4	48	57	27	32	16	48	50	24	14	33
Cr	0	0	0	0	0	1	0	0	0	1	0	0	0	0	0	0
Pb	2	1	1	1	1	2	2	1	1	1	1	2	1	1	1	1
Hg	5	5	6	5	2	3	12	7	4	7	5	2	11	6	2	3
As	1	1	1	1	1	1	1	1	1	1	1	1	1	1	1	1
Cu	1	1	1	1	1	1	1	1	1	1	1	0	0	0	1	0
Zn	7	4	3	3	2	4	7	7	5	5	3	5	5	4	3	5
C_r(除 Cd 外)	15	12	12	11	7	12	23	17	12	16	11	9	19	12	8	10
C_r	57	34	27	25	17	16	71	74	39	48	27	57	69	36	22	43

注：C_r 为沉积物重金属污染程度。

表 3-15 评价指标与污染程度和潜在生态危害程度的关系

C_f^i	污染程度	C_r	污染程度	E_f^i	危害程度	RI	危害程度
<1	低	<8	低	<40	低	<150	低
$1 \leq C_f^i < 3$	中等	$8 \leq C_r < 16$	中等	$40 \leq E_f^i < 80$	中等	$150 \leq RI < 300$	中等
$3 \leq C_f^i < 6$	重	$16 \leq C_r < 32$	重	$80 \leq E_f^i < 160$	较重	$300 \leq RI < 600$	重
≥ 6	严重	≥ 32	严重	$160 \leq E_f^i < 320$	重	≥ 600	严重
				≥ 320	严重		

注：C_f^i 为重金属 i 的污染系数；C_r 为沉积物重金属污染程度；E_f^i 为某一区域重金属 i 的潜在生态危害系数；RI 为沉积物中多种重金属的潜在生态危害指数。

研究区域样本重金属综合污染程度系数均较高，除 E6 点为中等污染外，其余均达到重污染及以上水平，其中 31%的样本为重污染，63%的样本为严重污染。污染程度反映多种重金属的综合污染影响，数值越高表明沉积物中重金属污染越严重。表 3-14 中数据显示，沉积物中 7 种重金属污染程度严重主要是由 Cd 富集量高引起的，将 Cd 剔除后 6 种重金属的综合污染程度系数明显减小，其污染程度降为中等及以下水平，仅 S1 采样点为重污染程度，重金属污染程度在空间上也表现为 S>N>E，在 E 线上综合污染程度为 E1>E2>E3>E4>E5>E6，S 线表现为 S2>S1>S4>S3>S5，N 线表现为 N2>N1>N5>N3>N4。设计的 3 条采样线路上均表现为靠近湖心的两个采样点污染程度极为严重，尤其以 E 线上表现最明显，除 E1、E2 为严重污染程度外，其余点为重污染及以下水平，S 线上仅 S5 样点为重污染程度，其余都达严重污染水平，N 线上除 N4 点外均为严重污染。

研究区域样本各重金属的潜在生态危害系数和多种重金属的潜在生态危害指数如表 3-16 所示。几种重金属在沉积物中的潜在生态危害程度依次为 Cd>Hg>As>Pb>Zn>Cu>Cr。对于草海沉积物中重金属的潜在生态风险来说，Cd 表现为首要的风险因子，其次为 Hg。Cd 所引起的潜在生态危害除 E5、E6 两个采样点外，其余均为严重级别；Hg 产生的潜在生态危害程度在中等水平以上，其中 E5 样点的 Hg 为中度危害，E6、N1、N4、N5 的 Hg 为较重程度危害，S1 和 N2 的 Hg 为严重危害，其余样点为重度危害。Cr、Pb、As、Cu、Zn 几种重金属从其生态危害系数上看均小于 40，潜在生态危害程度较低。几种重金属总体潜在生态危害指数均大于 150，均达到中等危害程度的级别，其中仅 E6 样点的潜在生态风险指数为 276，具有中等风险水平，N4、E5 样点风险指数分别为 521、373，为重度风险水平，其余样点沉积物中重金属潜在生态风险指数均大于 600，具有严重的潜在生态风险。

表 3-16 草海沉积物中重金属单因子生态危害程度及总体潜在生态危害程度

编号	Cd	Cr	Pb	Hg	As	Cu	Zn	RI	风险程度
E1	1257	1	10	189	9	2	7	1475	严重
E2	664	1	4	189	8	3	4	873	严重
E3	463	1	3	229	8	3	3	710	严重
E4	416	1	4	185	8	3	3	620	严重
E5	295	1	3	62	7	3	2	373	重
E6	105	1	9	138	14	5	4	276	中等
S1	1454	1	8	498	10	3	7	1981	严重
S2	1698	1	5	269	9	3	7	1992	严重
S3	806	1	4	164	11	3	5	994	严重
S4	957	1	4	273	9	3	5	1252	严重
S5	480	1	3	204	9	4	3	704	严重
N1	1441	1	6	84	9	2	5	1548	严重
N2	1505	1	8	425	9	2	5	1955	严重
N3	721	1	4	255	8	2	4	995	严重
N4	419	1	3	84	8	3	3	521	重
N5	977	1	4	138	7	1	5	1133	严重

总体上，草海沉积物中重金属污染水平为中等污染，且枯水期污染略重；空间分布上，S 区的大部分采样点及其他两区靠近湖心的采样点污染较重，三个采样区都呈现距岸边越远污染越重的趋势。

3.4 草海沉积物中 OCP 的时空分布特征

有机氯农药(organochlorine pesticide，OCP)作为一类典型的持久性有机污染物，具有高毒性、持久性、半挥发性和生物富集性等特点，并且由于其过去大量施用，至今仍在多种环境介质中广泛残留(南淑清等，2009)。在水环境中，由于其所具有的亲脂性的特性，OCP 主要吸附在悬浮颗粒物表面，并最终通过沉降作用进入沉积物，故而沉积物被认为是水环境中 OCP 的重要归趋之一。沉积物中的 OCP 一方面可通过解吸和悬浮作用重新进入水体，造成二次污染，另一方面则可通过食物链的富集和逐级放大作用，对人类和生物产生不良影响，因此，研究沉积物中 OCP 的残留分布状况对于了解水体的污染情况及有机氯农药在水环境中的行为具有重要意义。

DDTs 在 20 世纪 80 年代以前很长一段时间里一直作为主杀虫剂农药使用，由于其具有持久性、生物蓄积性、半挥发性和高毒性等特征，为了保护人类健康和环境安全，我国采取了很多措施，发布了一系列的政策法规，禁止或限制此类农药的生产和使用，但是，由于在一些特殊用途上暂时还没有找到经济有效的替代技术或替代品，目前，土壤、水体和大气等环境介质中还存在部分残留(表 3-17)。

表 3-17 我国典型地区表层土壤中六六六(HCH)和滴滴涕(DDTs)含量

采样地点	采样时间	HCH/(μg/kg)	DDTs/(μg/kg)	文献
卧龙国家级自然保护区	2005 年	0~4.16	0~11.21	杨文等，2010
珠江三角洲	2000 年	5.66~22.08	1.51~11.70	贺璐璐等，2008
沈阳	2009 年	2.32~15.90	9.06~111.60	薛源等，2011
哈尔滨	2006 年	0.136~51.76	0.072~28.22	王旭，2009
长白山	2007 年	ND~25.40	ND~78.70	金玉善，2010
广州	2007 年	0.30~14.90	0.88~697.70	朱晓华等，2010a
北京通州	2007 年	4.09	26.36	孙可等，2009
成都	2007 年	0.01~25.32	0.04~652.98	王英辉等，2008
贵州	2007 年	3.37~8.26	6.54~27.56	魏中青等，2007
南京	2007 年	2.48~17.80	3.36~74.19	张海秀等，2007
青岛	2005 年	0.41~9.67	3.88~79.55	Park et al.，2002
崇明岛	2006 年	0.40~9.67	0.78~163.20	朱晓华等，2010b
呼和浩特	2008 年	0.40~20.00	66.96~1599.10	张福金，2009
兰州	2009 年	65.64~622.00	0.88~108.55	任婷，2010

注：ND 代表无数据

3.4.1 草海沉积物中 OCP 含量状况

对草海 16 个沉积物样本中的 HCH 和 DDTs(含 DDE、DDD、DDT 三种同系物)进行检测,发现沉积物中还有 OCP 残留,其中 HCH 含量为 0.10~12.52μg/kg, DDTs 为 1.33~19.99μg/kg(表 3-18)。样本间含量差异很大,草海沉积物中有机氯农药残留主要来源于农业生产使用,受区域土地利用变化差异的影响,具有明显的空间变异性。

表 3-18 草海沉积物中 OCP 含量统计特征

项目	HCH	DDTs
最小值/(μg/kg)	0.10	1.33
最大值/(μg/kg)	12.52	19.99
平均值/(μg/kg)	3.36	8.56
中值/(μg/kg)	2.7	8.19
标准偏差/(μg/kg)	2.79	4.35
变异系数/%	83.01	50.83

3.4.2 草海沉积物中 OCP 的时空分布特征

丰水期草海沉积物中 OCP 含量为 2.11(E4)~28.05μg/kg(S1),平均值为 11.63μg/kg,空间变异系数为 56.80%,表现为中等程度的空间变异性。其中,HCH 含量为 0.10(E4)~12.52μg/kg(S2),平均值为 3.05μg/kg;DDTs 含量为 2.01(E4)~15.53μg/kg(S2),平均值为 8.58μg/kg。枯水期草海沉积物中 OCP 含量为 3.06(N3)~29.25μg/kg(S2),平均值为 12.21μg/kg,空间变异系数为 56.41%,表现为中等程度的空间变异性。其中,HCH 含量为 0.36(E5)~9.26μg/kg(S2),平均值为 3.67μg/kg;DDTs 含量为 1.33(E3)~19.99μg/kg(S2),平均值为 8.54μg/kg。无论丰水期还是枯水期,沉积物中 DDTs 浓度都明显比 HCH 高,这是由于 HCH 的水溶性、蒸气压、生物降解能力比 DDTs 高,而脂溶性比 DDTs 低。

总体上,草海沉积物中 OCP 浓度较低,这可能是由于我国已于 1983 年禁用 HCH 和 DDTs,且丰富的草海水生生物自净能力较强。

丰水期草海沉积物中 OCP 含量分布规律为:S 区(15.22μg/kg)>N 区(11.00μg/kg)>E 区(9.18μg/kg);枯水期草海沉积物中 OCP 含量分布规律为:S 区(15.50μg/kg)>N 区(12.10μg/kg)>E 区(9.55μg/kg),由此可见,草海沉积物中 OCP 在枯水期含量较高一些。草海沉积物中 OCP 含量分布特征如图 3-17 所示,呈由近岸向湖心区域先下降后上升的趋势。在沿岸有明显的带状污染区域,表明这些区域受陆源工农业排污输入影响较大;而湖心区域的 OCP 含量升高,是因为 OCP 的分布除受污染源影响外,还受地形、氧化还原作用、流体动力学条件等环境条件的制约，且沉积物中 TOC 在决定 OCP 含量和分布中起着重要的作用。本研究讨论了 OCP 与 TOC 的相关性，结果表明两者的皮尔逊相关系数为 0.575（$P<0.01$），具有显著的相关性。

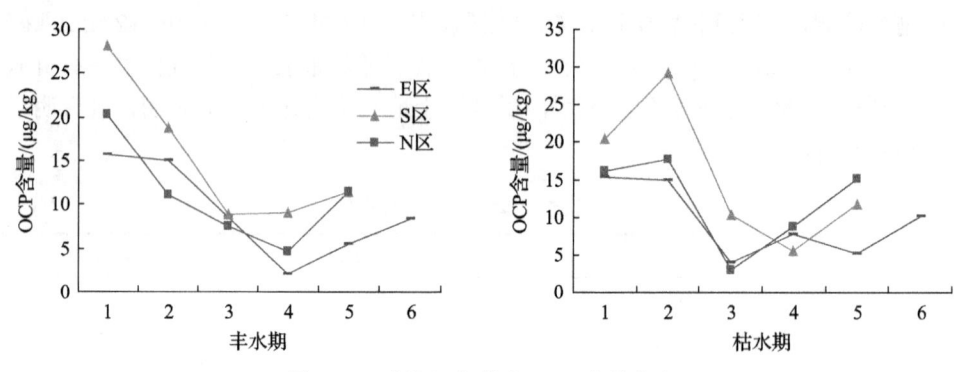

图 3-17 草海沉积物中 OCP 含量分布

3.4.3 草海沉积物中 OCP 来源分析

(1) 草海沉积物中 HCH 来源分析

HCH 主要有两类，一类是含有 α-HCH（60%～70%）、β-HCH（5%～12%）、γ-HCH（10%～15%）和 δ-HCH（6%～10%）4 种同分异构体的工业 HCH，另一类是产量相对较小、含少量同分异构体的林丹（γ-HCH 含量>99%）。工业 HCH 产品早在 1983 年被禁用，但林丹仍被用于害虫防治至今。异构体之间的理化性质差异及异构体之间可能的相互转化，使得环境中 HCH 的异构体组成特征可以作为一种环境指示指标。

从 HCH 组成看，草海沉积物中 β-HCH 所占比例最高，为 0.24～0.55（平均为 0.34）。β-HCH 是环境中最稳定和难降解的 HCH，其他异构体在环境中长期存在会转型成 β-HCH，由此说明草海沉积物中的 HCH 主要为农药降解后的残留物。此外，在工业 HCH 中，α-HCH/γ-HCH 为 4～7，当该比值小于 3 时，说明环境中有林丹的使用，比值在 4～7 为工业品来源，若该比值增大则说明 HCH 主要来源于大气的长距离传输。在草海沉积物样品中，所有点该比值均不大于 3，这说明草海沉积物中的 HCH 以来源于林丹的使用为主。

(2) 草海沉积物中 DDTs 来源分析

DDT（主要包括 o,p'-DDT 和 p,p'-DDT）及其生物降解产物 DDE（主要包括 p,p'-DDE）和 DDD（主要包括 p,p'-DDD）的含量比例可以用来推测 DDTs 的来源。DDT 在厌氧条件下通过微生物的作用降解为 DDD，在好氧条件下则转化为 DDE。(DDD+DDE)/DDTs 可指示 DDT 降解程度及是否有新的污染物输入，DDD/DDE 可指示 DDT 的降解条件。

计算可知，草海沉积物样品中 DDD/DDE<1，说明 DDT 在沉积物中主要发生好氧条件的降解。除采样点 E6、N5(DDD+DDE)/DDTs 小于 0.5 外，其他各点 (DDD+DDE)/DDTs 均大于 0.5，说明草海沉积物中 DDTs 残留以原有农药残留为主，采样点 E6、N5 则可能存在新的污染源输入。

总体上，草海沉积物中的 DDTs 多为农药残留，个别采样点的 DDTs 相对于其降解产物浓度较高的原因可能有两方面：一方面是其本身的难降解性造成的，据估计，土壤环境中 DDT 的半衰期一般长达 20~30 年；另一方面很可能是环境中存在 DDT 的其他来源，新输入的 DDTs 很可能来自于另一种称为三氯杀螨醇的农药，自 DDTs 于 1983 年在国内被禁用以后，三氯杀螨醇被广泛应用于农业生产，DDTs 是这种农药工业合成过程中的原料之一，并作为杂质存在于三氯杀螨醇产品中。

3.4.4 草海沉积物中 OCP 污染评价

(1) 单因子指数法

以《土壤环境质量标准》(GB 15618—1995) 中一级标准限值 (50μg/kg) 作为评价基准 (表 3-19)，运用单因子指数法对草海湿地土壤 HCH 和 DDTs 污染情况进行评价，评价结果见表 3-20。

表 3-19　中国土壤有机污染物标准 (mg/kg)

污染物	一级	二级	三级
HCH	0.05	0.5	1.0
DDTs	0.05	0.5	1.0

表 3-20　草海沉积物中 HCH、DDTs 污染指数

采样点	HCH 丰水期	HCH 枯水期	DDTs 丰水期	DDTs 枯水期
E1	0.08	0.06	0.23	0.24
E2	0.06	0.10	0.23	0.20
E3	0.02	0.05	0.15	0.03
E4	0.00	0.04	0.04	0.12
E5	0.02	0.01	0.08	0.10
E6	0.03	0.06	0.14	0.15
S1	0.25	0.14	0.31	0.27
S2	0.07	0.19	0.31	0.40
S3	0.02	0.03	0.16	0.18
S4	0.02	0.01	0.16	0.10
S5	0.05	0.08	0.18	0.15

续表

采样点	HCH 丰水期	HCH 枯水期	DDTs 丰水期	DDTs 枯水期
N1	0.12	0.10	0.29	0.23
N2	0.06	0.13	0.17	0.22
N3	0.03	0.03	0.12	0.03
N4	0.05	0.01	0.04	0.17
N5	0.08	0.13	0.15	0.17
平均值	0.06	0.07	0.17	0.17

由表 3-20 可知，草海沉积物中 HCH 和 DDTs 的总体含量较低，均低于《土壤环境质量标准》(GB 15618—1995)中一级标准限值(50μg/kg)，尚未对土壤造成污染。

(2) 生态风险评估

目前国内还没有统一的标准来评价 OCP 的潜在风险，故本研究参考沉积物质量标准中 Long 等(1995)基于经验性分析提出的风险评估低值(ERL，生物效应概率＜10%)和风险评估中值(ERM，生物效应概率＞50%)等来表征湿地土壤中有机氯农药的潜在生物效应(表 3-21)，浓度范围接近 ERL 值说明污染物对该土壤中的群居生物几乎不会造成负面影响，相反，当实验值高于 ERM 值则会对生物产生危害。HCH 的 ERL 和 ERM 值分别为 3μg/kg 和 10μg/kg，DDTs 的 ERL 和 ERM 值分别为 3μg/kg、350μg/kg。通过比较发现，仅丰水期的 S1 采样点处沉积物中 HCH 含量高于 ERM 值，可能会对生物产生危害，其他点的 HCH、DDTs 含量都小于 ERM 值，说明草海沉积物中 OCP 含量较低，对生物造成的负面影响也较小。

表 3-21 草海沉积物中 OCP 的生态风险评估

	丰水期 ＜ERL/%	丰水期 ERL～ERM/%	丰水期 ＞ERM/%	枯水期 ＜ERL/%	枯水期 ERL～ERM/%	枯水期 ＞ERM/%
HCH	62.50	31.25	6.25	50.00	50.00	0.00
DDTs	12.50	87.50	0.00	12.50	87.50	0.00

第4章 草海高原湿地水环境质量研究

草海属于长江水系，是金沙江支流横江洛泽河的上游湖泊，其水源补给主要靠大气降水，其次为地下水。汇入草海的河流大多为发源于泉水的短小河溪，主要有东山河、北门河、卯家海子河、白马河和大中河等。这些小河溪的流量随季节流量减小，有的甚至断流，由于草海湖区岩石的隔水作用，地下水埋藏较浅，一般在 5m 以内，出露的泉点较多，畜牧场、下坝、白马塘、大水井、谢家冲等的泉水均为注入草海的重要源泉。

4.1 样品的采集与制备

4.1.1 水样采集

样品的采样、保存及检测方法参照《地表水和污水监测技术规范》(HJ/T 91—2002)、《水质湖泊和水库采样技术指导》(GB/T 14581—93)、《水质 采样方案设计技术规定》(GB 12997—91)、《水质 采样技术指导》(GB 12998—91)、《环境监测分析方法标准制订技术导则》(HJ/T 168—2004)等。采样点如图4-1所示。其中，丰水期和枯水期采样点 5、6、7 为由草海码头进入草海湖面的航道内的三个采样点。

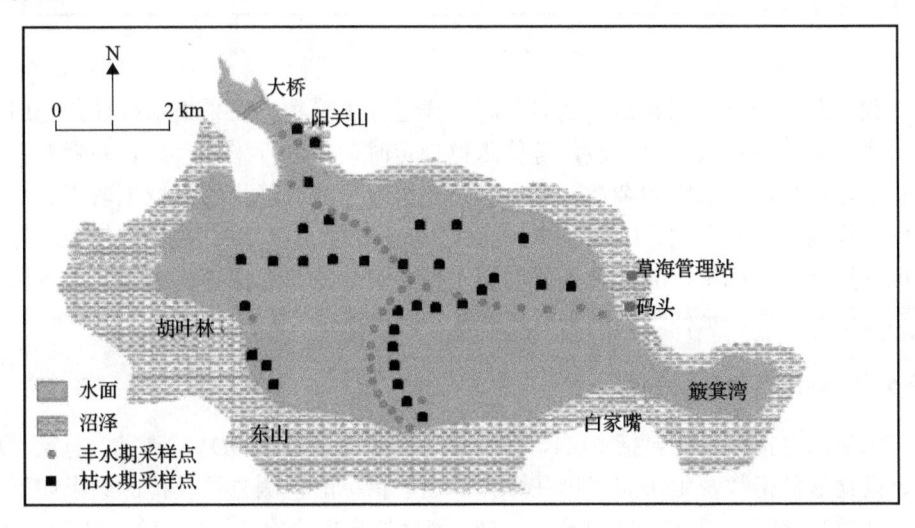

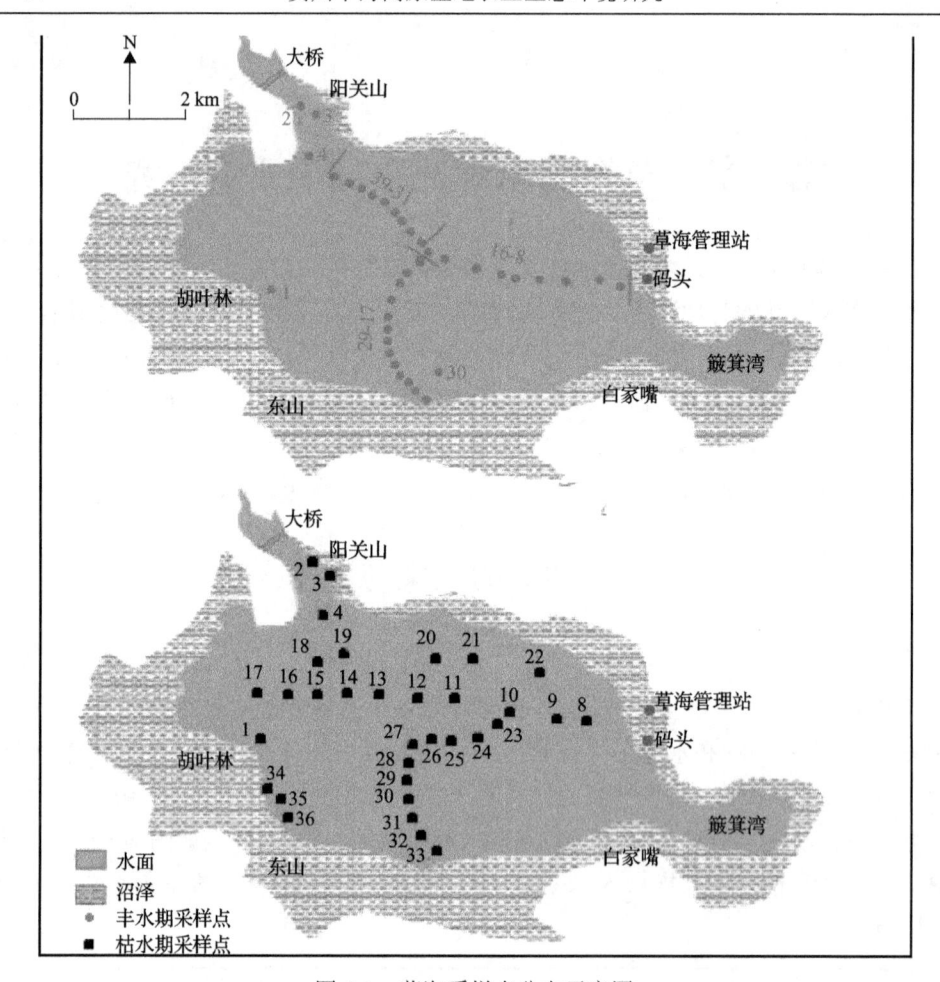

图 4-1 草海采样点分布示意图

我们分别于丰水期和枯水期对草海水样进行了采集。在采集水样前，先用准备采集的水样清洗采样瓶几次，等待水位稳定时，再进行采集，尽量减轻对水体的扰动，避免混入水中的杂质，尽量选择在水流平缓或静止的水域采取表层水。取完水样测定 pH 后，按 1∶1 加入 H_2SO_4 10mL，使 pH<2.0，盖紧取样瓶，然后在取样瓶上贴上标签，装入准备好的箱子带回实验室 4℃ 保存。为保证各指标监测结果的准确性，水样采集回来后尽量在 48h 内测定。

4.1.2 水样中各指标的测定

水质测定指标主要包括：pH、溶解氧、化学需氧量(COD)、氨氮、总氮、总磷、高锰酸盐指数及生化需氧量(BOD)。这些指标的检测方法及检测结果如下。

pH 和溶解氧：利用 pH 测量仪、DO 测量仪直接测定各采样点的 pH 和 DO。

化学需氧量：重铬酸钾标准法(GB 11914—89)。
氨氮：纳氏试剂比色法(HJ 535—2009)。
总氮：碱性过硫酸钾消解紫外分光光度法(GB 11894—89)。
总磷：钼酸铵分光光度法(GB 11893—89)。
高锰酸盐指数：GB 11892—89。
五日生化需氧量(BOD$_5$)：稀释与接种法(HJ 505—2009)。
各采样点所测指标数据如表 4-1 所示。

表 4-1 草海各采样点理化检测数据表

| 编号 | 丰水期 ||||||||
	pH	DO/(mg/L)	COD$_{Mn}$/(mg/L)	BOD$_5$/(mg/L)	COD$_{Cr}$/(mg/L)	NH$_3$-N/(mg/L)	TN/(mg/L)	TP/(mg/L)
1	7.4	9.78	5.83	4.28	22.56	0.356	0.378	0.260
2	7.74	8.56	8.45	2.41	31.64	0.157	0.246	0.102
3	8.23	9.86	7.88	4.24	29.04	0.133	0.238	0.133
4	8.24	10.09	6.95	4.09	20.99	0.114	0.535	0.187
5	7.31	9.78	6.96	4.93	38.55	0.278	0.324	0.666
6	7.61	9.55	9.87	4.16	66.35	0.500	0.550	0.280
7	7.23	9.09	9.79	4.93	62.28	0.473	0.816	0.164
8	7.36	9.63	10.26	3.74	55.48	0.227	0.699	0.261
9	7.68	8.56	12.88	3.48	23.70	0.297	0.550	0.210
10	7.45	8.86	12.13	3.79	20.24	0.500	0.652	0.176
11	7.62	9.78	7.09	3.75	14.19	0.325	0.613	0.183
12	7.78	9.86	7.89	3.71	15.92	0.211	0.597	0.187
13	7.61	8.71	8.15	3.03	11.97	0.207	0.511	0.114
14	8.39	8.86	6.64	2.91	15.72	0.200	0.378	0.307
15	8.5	8.33	7.49	3.06	20.67	0.153	0.308	0.241
16	8.61	9.86	9.06	3.90	21.81	0.122	0.566	0.110
17	8.72	8.79	9.84	3.33	20.75	0.164	0.410	0.129
18	8.49	8.48	10.93	2.91	17.92	0.184	0.683	0.110
19	8.51	8.56	10.77	2.87	23.68	0.192	0.722	0.098
20	8.53	8.71	10.14	2.48	17.41	0.184	0.628	0.118
21	8.63	8.86	10.96	2.76	15.35	0.207	0.769	0.152
22	8.17	8.79	8.84	2.10	29.56	0.188	0.886	0.298
23	8.27	8.41	8.08	2.80	20.51	0.176	0.714	0.106
24	8.04	9.02	9.11	2.83	21.46	0.145	0.277	0.110
25	7.98	8.25	5.22	2.68	26.30	0.172	0.535	0.114
26	7.87	9.09	6.27	2.90	30.03	0.176	0.214	0.125
27	7.66	8.86	7.07	2.87	32.26	0.176	0.214	0.102
28	7.49	9.25	6.40	3.21	34.72	0.243	0.386	0.122
29	7.41	8.41	7.48	3.91	39.40	0.286	0.800	0.155
30	8.27	8.64	10.19	3.37	26.22	0.211	0.863	0.195
31	9.12	8.25	10.10	3.60	15.97	0.407	0.878	0.295

续表

编号	丰水期							
	pH	DO/(mg/L)	COD$_{Mn}$/(mg/L)	BOD$_5$/(mg/L)	COD$_{Cr}$/(mg/L)	NH$_3$-N/(mg/L)	TN/(mg/L)	TP/(mg/L)
32	9.28	7.87	9.80	3.18	20.31	0.364	0.863	0.110
33	9.17	9.09	8.65	3.59	16.33	0.422	0.933	0.075
34	9.16	9.93	8.65	3.90	28.23	0.086	0.910	0.083
35	9.16	8.79	8.05	3.76	27.48	0.317	0.863	0.110
36	9.04	8.86	6.79	2.67	19.12	0.317	0.964	0.102
37	9.12	9.55	7.26	2.98	18.67	0.266	0.956	0.284
38	9.2	7.79	8.21	2.60	25.05	0.239	0.863	0.191
39	8.57	7.03	8.02	2.37	10.75	0.236	0.836	0.130
平均值	8.22	8.94	8.57	3.34	25.86	0.246	0.619	0.177

编号	枯水期							
	pH	DO/(mg/L)	COD$_{Mn}$/(mg/L)	BOD$_5$/(mg/L)	COD$_{Cr}$/(mg/L)	NH$_3$-N/(mg/L)	TN/(mg/L)	TP/(mg/L)
1	7.86	8.97	6.25	2.92	29.85	0.436	0.483	0.096
2	7.61	8.94	6.47	2.76	36.39	0.593	0.635	0.082
3	7.56	8.5	6.12	2.20	33.99	0.146	0.311	0.079
4	7.46	8.39	5.44	2.28	22.00	0.152	0.331	0.082
5	7.63	8.47	8.74	4.18	53.83	0.423	0.595	0.256
6	7.47	8.62	7.87	4.17	35.14	0.806	0.909	0.211
7	7.27	6.86	7.72	3.57	34.40	0.670	0.828	0.188
8	7.36	8.26	8.09	3.20	36.47	0.568	0.646	0.122
9	7.53	8.78	7.83	3.51	17.45	0.631	0.686	0.113
10	7.53	7.86	8.12	3.41	31.09	1.116	1.193	0.142
11	7.56	8.47	7.59	2.95	29.85	0.990	1.021	0.102
12	7.43	8.67	6.52	3.26	19.93	0.404	0.564	0.105
13	7.41	8.33	5.90	2.55	30.68	0.915	1.112	0.093
14	7.68	8.47	6.87	2.39	19.93	0.228	0.382	0.099
15	7.62	7.94	6.59	2.86	15.80	0.184	0.402	0.111
16	7.71	8.21	6.55	2.02	26.13	0.423	0.473	0.102
17	7.69	8.4	6.06	2.27	29.03	0.253	0.483	0.102
18	7.75	8.28	5.55	2.33	15.80	0.228	0.727	0.105
19	7.62	8.83	5.95	3.04	26.96	0.832	1.163	0.099
20	7.56	7.91	6.26	2.03	17.86	0.922	1.167	0.105
21	7.59	8.35	7.03	2.40	14.97	0.875	1.337	0.113
22	7.3	7.67	8.17	2.05	24.06	0.858	1.051	0.116
23	7.56	8.67	7.67	2.98	29.44	0.929	1.153	0.102

续表

编号	枯水期							
	pH	DO/(mg/L)	COD$_{Mn}$/(mg/L)	BOD$_5$/(mg/L)	COD$_{Cr}$/(mg/L)	NH$_3$-N/(mg/L)	TN/(mg/L)	TP/(mg/L)
24	7.47	8.36	7.77	2.69	26.96	0.537	0.635	0.113
25	7.62	8.52	7.35	2.34	39.36	0.858	0.909	0.099
26	7.69	8.11	5.63	2.88	29.85	0.253	0.483	0.090
27	7.57	8.97	5.87	3.00	19.10	0.140	0.412	0.093
28	7.64	8.11	7.05	2.10	13.23	0.108	0.362	0.113
29	7.46	8.43	6.25	2.20	13.64	0.133	0.321	0.093
30	7.68	8.41	6.11	2.54	11.58	0.215	0.392	0.090
31	7.71	8.17	6.98	2.07	22.00	0.190	0.412	0.096
32	7.79	8.47	7.10	2.24	15.71	0.203	0.392	0.111
33	7.62	7.92	6.75	2.92	23.65	0.278	0.402	0.182
34	7.05	6.73	5.71	2.14	28.61	0.367	0.504	0.103
35	7.35	6.83	6.37	2.16	22.82	0.518	0.575	0.130
36	7.38	6.64	6.23	2.21	15.80	0.714	0.889	0.122
平均值	7.55	8.21	6.79	2.69	25.37	0.503	0.676	0.116

4.1.3 评价方法

(1) 指数评价法

水污染指数(water pollution index,WPI),就是将常规检测的几种水污染物浓度简化为单一的概念性指数值形式,并分级表征水污染程度和水质量状况(刘征和刘洋,2005),其理论基础为最小限制定律和等值性原理。污染指数法分为单因子指数法和综合指数法。《地表水环境质量标准》(GB 3838—2002)对水质评价的要求是:根据应执行的水域功能类别选取相应水质类别标准进行单因子评价,其评价结果应当说明水质达标情况,超标水质应说明超标项目及超标倍数。由此可见,单因子指数法仍然是最基本的评价方法。

综合指数法是较常采用的一种水质评价方法,其综合性和可比性强(黄东亮,2001)。指数的不同处理方法,决定了指数法的不同形式。具有代表性的综合指数法有上海地区水系水质调查组提出的有机污染物综合指数、1965年R. K. Horton提出的豪顿水质指数、1970年R. M. Brown提出的布朗水质指数和1974年N. L. Nemerow提出的内梅罗水质指数。

加拿大环境部长委员会(CCME)发展了新的水质指数法用以简化复杂的水质数据报告,该方法基于数字通信工具测试多变量水数据,产生一个无单位数字来代表总体的水质状况(Zandbergen and Hall, 1998)。李祚泳(1997)在总结多种综合指数法的基础上提出了全新的余分指数合成法。徐祖信(2005)提出一种全新的河流总体的综合水质评价方法——综合水质标识指数法。李凡修等(2004)、王文强(2008)近年来提出了一种新的指数评价方法,即转换指数法,其优点是提高了评价级别划分的客观性和科学性。陈仁杰等(2010)在转换指数法的基础上建立了一种改良的水源水质综合评价指数,并将其应用于上海市水源水质评价中。

(2)基于数学综合模式的水质分类分级方法

1974年我国提出用数学模式来综合评价水污染,即以模糊理论、未确知数学理论、灰色理论等不确定性方法理论为理论基础,根据某些水质指标值,通过建立的数学模型,综合评判其水体的水质等级,为水体的污染防治和科学管理提供决策依据(冯旭等,2010)。目前具有代表性的数学模式综合评价法有模糊综合评价法、灰色关联法、物元分析法、人工神经网络法等。数学模式综合评价法的评价常可归纳为建立隶属关系、确定权重、综合评价三个步骤。

数学模式综合评价法中传统的权重确定方法多采用"超标法",即实测浓度除以各级水质标准的均值。马玉杰等(2009)针对各级水质标准值之间的变化幅度不同提出了用聚类权法确定各指标在不同级别中的权重。门宝辉和梁川(2005)利用各指标的变异系数来确定其权重。刘燕等(2005)利用信息论中的"熵"概念,根据各评价指标值的差异性程度来修正初始权重,建立了基于熵权的模糊综合评价模型。金菊良等(2001)提出用基于加速遗传算法的改进层次分析法确定各水质评价指标的单样本权重和样本集权重,对后两种权重进行组合得到各水样水质评价指标的综合权重。田景环等(2005)将最优权法引入模糊评价以确定各评价指标的权系数,通过求解权向量的最优解来确定各指标权重。刘昕等(2009)提取指标对样本分类所做贡献的量化值,定义指标区分权,给出指标隶属度到样本隶属度的转换算法,由此建立基于区分权的水质评价方法。传统的隶属度的确定是采用"半降梯形"函数,潘理黎等(2004)根据隶属度函数线性方程所隐含的几何意义提出了隶属度及矩阵的图算方法。

(3)基于多元统计分析的水质综合指标确定方法

此类方法主要有投影寻踪法和主成分分析法两类。投影寻踪(projection pursuit,PP)法于20世纪70年代由Friedman和Turkey提出,张欣莉等(2000)较早将该方法用于河流水质评价。该方法具有水质等级分辨率高、能克服人为赋值带来的干扰等优点。

主成分分析法是一种将多维因子纳入同一系统中进行定量化研究、理论较完善的多元统计分析方法。流域水质脆弱性指标体系的确定、主要污染物的辨识等常采用主成分分析法。Zhang 等(2009)、Varol 和 Şen(2009)都应用主成分分析法对河流水质进行综合评价。

(4)基于"3S"技术的水质时空特征评价方法

利用遥感进行水质监测具有成本低、宏观、动态等显著特点,与常规监测相比有着不可替代的优点。利用遥感信息和有限的实地监测信息对太湖的水质进行监测与评价,结果显示:太湖流域已经呈现出严重的富营养化趋势,且空间分布不均衡(王学军和马廷,2000)。基于 GIS 的模型集成是国内外研究的重要领域(Jing et al.,2009),开发基于 GIS 技术的河流水质评价系统对水资源环境进行空间信息操作,可使大量抽象、枯燥的数据变得直观、生动,实现空间信息的可视化处理,使资源信息更易于理解,同时也更便于科学地管理、规划河流水资源(曹芳平和邹峥嵘,2009)。

本书中的水质评价方法采用单因子指数法、综合污染指数法和模糊综合评价法 3 种。单因子指数法考虑了最突出、污染状况最严重的因子对整个评价结果所产生的影响,充分显示了超标最严重的评价因子对整个评价结果所起到的决定性作用。综合污染指数法也综合考虑了各个指标对整个评价结果的权重影响。模糊综合评价法充分考虑到了每个因子对整个评价结果的贡献,并将贡献按权重进行分配,其评价结果是各个参评因子综合作用的产物。

4.2 水体污染特征分析

4.2.1 各水质指标的动态变化

对草海丰水期和枯水期的检测数据进行分析,所得结果如表 4-2 所示。由表 4-2 可知,丰水期 pH 的平均值为 8.22,水质为碱性,变化范围为 7.23~9.28。DO 的平均值为 8.93mg/L,该指标达到 I 类水质要求。COD_{Mn} 的平均值为 8.57mg/L,该指标达到IV类水质要求,最好水质为III类,最差水质仅为国家地表水环境质量标准 V 类水下限值的 0.85 倍。BOD_5 的平均值为 3.34mg/L,达到III类水质要求,最好水质为 I 类,最差水质为IV类水下限值的 0.82 倍。COD_{Cr} 的平均值为 25.86mg/L,为IV类水质,最好水质为 I 类,最差水质为国家地表水环境质量标准 V 类水下限值的 0.65 倍。NH_3-N 的平均值为 0.246mg/L,为 II 类水质,最好水质为 I 类,最差水质与III类水下限值相同。TN 的平均值为 0.619mg/L,为III类水质,最好水质为 II 类,最差水质为III类水下限值的 0.964 倍。TP 的平均值为 0.177mg/L,为III类水质,最好水质为II类,最差水质为IV类水下限值的 0.666 倍。

枯水期 pH 的平均值为 7.55,水质偏碱性,变化范围为 7.05~7.86。DO 的平均值为 8.21mg/L,为 I 类水质。COD_{Mn} 的平均值为 6.79mg/L,为IV类水质,最好水

表 4-2 草海各水质指标检测数据变化表

		pH	DO /(mg/L)	COD$_{Mn}$ /(mg/L)	BOD$_5$ /(mg/L)	COD$_{Cr}$ /(mg/L)	NH$_3$-N /(mg/L)	TN /(mg/L)	TP /(mg/L)
丰水期	最大值	9.28	10.08	12.88	4.93	66.35	0.500	0.964	0.666
	最小值	7.23	7.03	5.22	2.10	10.75	0.086	0.214	0.075
	平均值	8.22	8.93	8.57	3.34	25.86	0.246	0.619	0.177
枯水期	最大值	7.86	8.97	8.74	4.18	53.83	1.116	1.337	0.256
	最小值	7.05	6.64	5.44	2.02	11.58	0.108	0.311	0.079
	平均值	7.55	8.21	6.79	2.69	25.37	0.503	0.676	0.116

质为Ⅲ类，最差水质为Ⅳ类水下限值的 0.874 倍。BOD$_5$ 的平均值为 2.69mg/L，为Ⅰ类水质，最差水质为Ⅳ类水下限值的 0.70 倍。COD$_{Cr}$ 的平均值为 25.37mg/L，为Ⅳ类水质，最好水质为Ⅰ类，最差水质为国家地表水环境质量标准Ⅴ类水下限值的 0.34 倍。NH$_3$-N 的平均值为 0.503mg/L，为Ⅲ类水质，最好水质为Ⅰ类，最差水质为Ⅳ类水下限值的 0.744 倍。TN 的平均值为 0.676mg/L，为Ⅲ类水质，最好水质为Ⅱ类，最差水质为Ⅳ类水下限值的 0.89 倍。TP 的平均值为 0.116mg/L，为Ⅲ类水质，最好水质为Ⅱ类，最差水质为Ⅳ类水下限值的 0.85 倍。

4.2.2 水质空间变化特征分析

从图 4-2～图 4-9 可知，从水期来看，草海水体的 pH、COD$_{Mn}$、DO、BOD$_5$、COD$_{Cr}$ 和 TP 在丰水期的数值要高于枯水期，NH$_3$-N 和 TN 在枯水期要高于丰水期。从空间来看，在丰水期，在湖中心往阳关山方向的水体是全湖 pH 较高区域；在草海码头航道到草海湖面入口这片区域，水体的 COD$_{Mn}$ 有一个高值区，另一个较高区域是从距湖面中心 800m 往南至距湖面中心 2500m 这一片区域；草海水体的溶解氧含量总体较高；COD$_{Cr}$ 和 NH$_3$-N 含量较高区域也是集中在草海航道往草海湖面入口这一片区域；草海的 TN 和 TP 含量总体较高，远超过了水质Ⅰ类标准，TN 在下游阳关山方向的含量要高于其他区域；TP 在草海航道及入口处有较高含量。在枯水期，草海各采样点的水质指标除 NH$_3$-N 和 TN 以外，其他各污染指标含量的差异不大，NH$_3$-N、TN 在湖中心区域和由湖中心向阳关山方向有较高含量的分布。

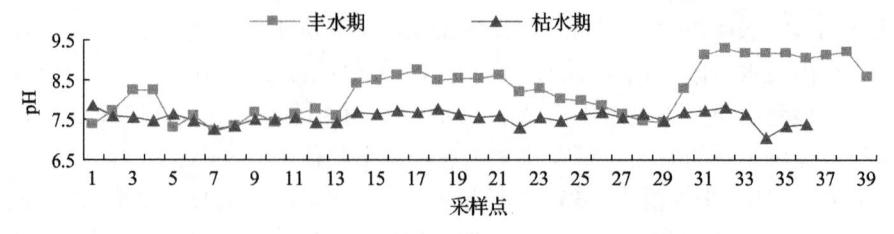

图 4-2 草海丰水期和枯水期各采样点水质 pH 情况

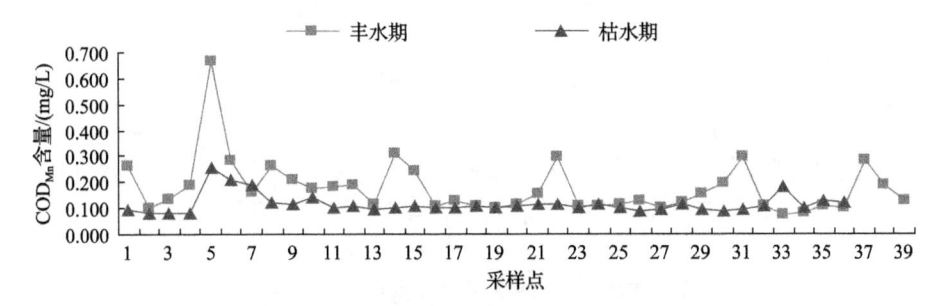

图 4-3 草海丰水期和枯水期各采样点水质 COD_{Mn} 含量情况

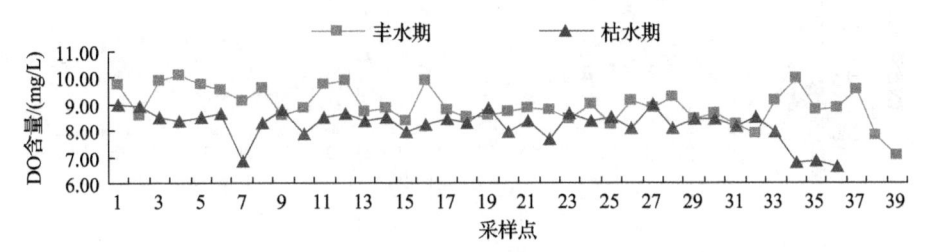

图 4-4 草海丰水期和枯水期各采样点水质 DO 含量情况

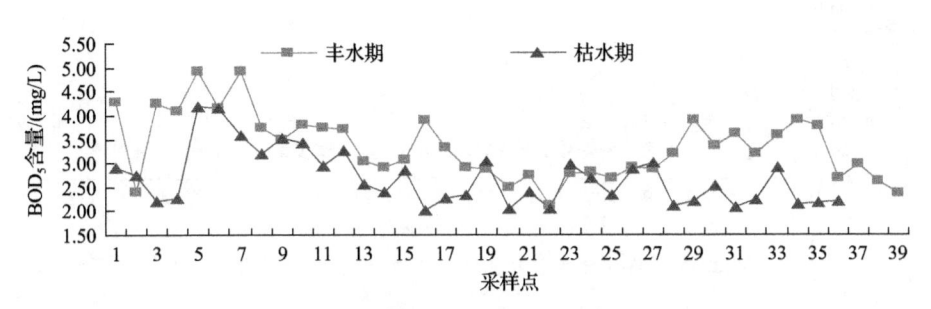

图 4-5 草海丰水期和枯水期各采样点水质 BOD_5 含量情况

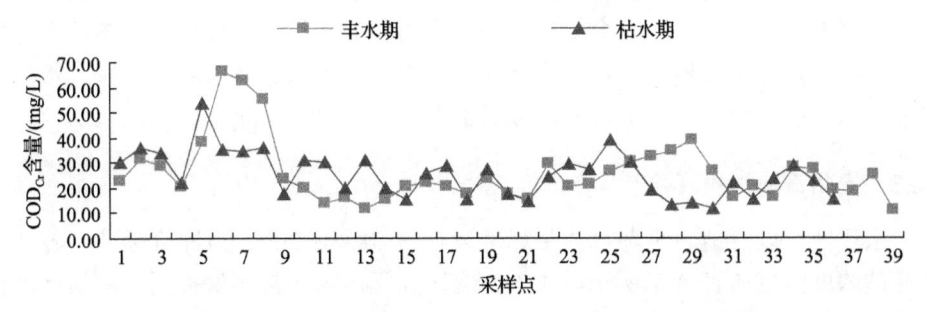

图 4-6 草海丰水期和枯水期各采样点水质 COD_{Cr} 含量情况

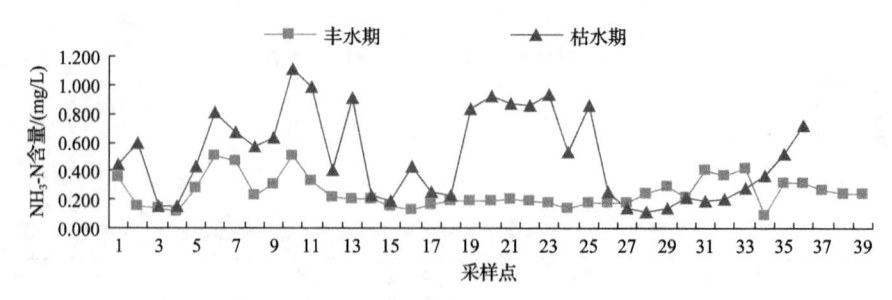

图 4-7 草海丰水期和枯水期各采样点水质 NH$_3$-N 含量情况

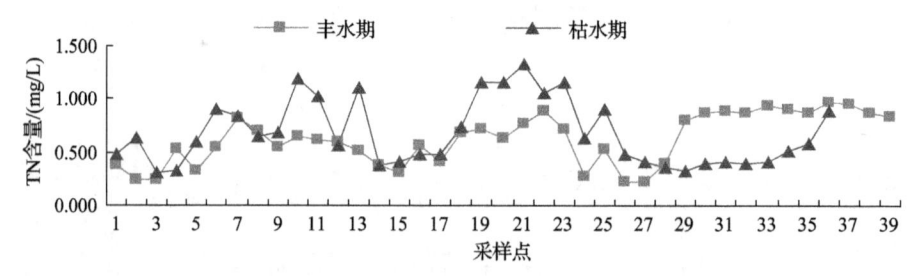

图 4-8 草海丰水期和枯水期各采样点水质 TN 含量情况

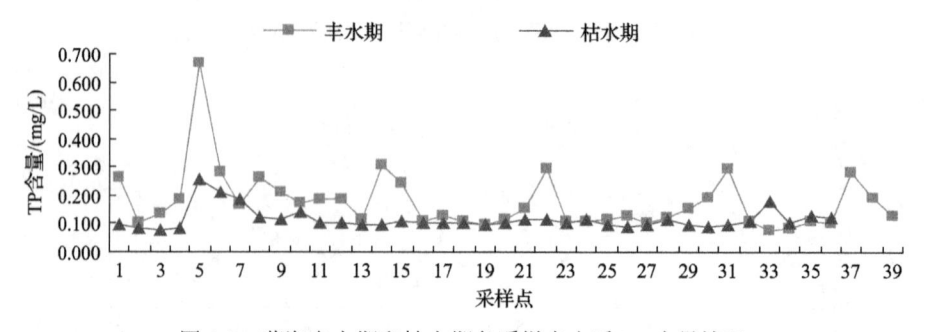

图 4-9 草海丰水期和枯水期各采样点水质 TP 含量情况

总体来看，草海东水域区的各项指标数值都比西水域区高，其原因可能为：东水域邻近县城，是草海县城生活和生产污水排水口分布较多的地方，其污水直接排入草海，水中污染物较多；西水域的东山、胡叶林等地分布有几条草海主要入水小河溪，外来补给水稀释了水体的污染物质；东水域区为草海上游，水域比较浅，水生植物少，人为干扰强，降低了水生植物的水质净化能力。

4.2.3 贵州草海水质评价

水质评价以《地表水环境质量标准》(GB 3838—2002)为评价标准，各评价指标的浓度限值如表 4-3 所示，本书研究区属于国家级自然保护区，水质标准执行Ⅰ类水质标准。本书选择单因子指数法、综合污染指数法和模糊综合评价法三种评价方法来评价贵州草海水质状况，以期更全面更科学地反映草海的水质情况。

表 4-3　污染因子的等级标准（mg/L）

	Ⅰ	Ⅱ	Ⅲ	Ⅳ	Ⅴ	劣Ⅴ
COD_{Mn}≤	2	4	6	10	15	>15
DO≥	7.5	6	5	3	2	<2
BOD_5≤	3	3	4	6	10	>10
COD_{Cr}≤	15	15	20	30	40	>40
NH_3-N≤	0.15	0.5	1.0	1.5	2.0	>2.0
TN≤	0.2	0.5	1.0	1.5	2.0	>2.0
TP≤	0.02	0.1	0.2	0.3	0.4	>0.4

1. 单因子指数法

单因子指数法是指在所有参与水质评价的指标中，选择最差的水质单项指标所属类别来确定所评价对象水域综合水质类别，其计算值为某种污染物的实测浓度与该污染物的评价标准值的比值，即 $P_i=C_i/C_0$，式中，P_i 为单因子指数；C_i 为第 i 类水质污染物指标的实测浓度；C_0 为第 i 类水质污染物指标的评价标准。当 P_i≤1 时，表示水体未受到污染；当 P_i>1 时，表示水体污染。具体数值直接反映污染物超标的程度。

结合草海自然保护区的水环境功能，选取《地表水环境质量标准》（GB 3838—2002）中Ⅰ类水为评价标准。如果水质参数单因子评价指数>1，表明该水质参数已超过该水环境功能区规定的水质标准，该水质已经不能满足水环境功能的使用要求。评价指数越大，说明水质越差。由于非水污染因子 pH 属于水体本身特性指标，不做评价。选择 COD_{Mn}、DO、BOD_5、TN、NH_3-N、TP 为水污染因子评价项目进行单因子评价，其评价结果见表 4-4 和表 4-5。

表 4-4　草海丰水期单因子指数法评价结果

编号	COD_{Mn} P_i	水质类别	BOD_5 P_i	水质类别	COD_{Cr} P_i	水质类别	NH_3-N P_i	水质类别	TN P_i	水质类别	TP P_i	水质类别	水质类别
1	2.92	Ⅲ	1.43	Ⅳ	1.50	Ⅳ	2.37	Ⅱ	1.89	Ⅱ	13.01	Ⅳ	Ⅳ
2	4.22	Ⅳ	0.80	Ⅰ	2.11	Ⅴ	1.04	Ⅱ	1.23	Ⅱ	5.12	Ⅲ	Ⅴ
3	3.94	Ⅳ	1.41	Ⅳ	1.94	Ⅳ	0.89	Ⅰ	1.19	Ⅱ	6.66	Ⅲ	Ⅳ
4	3.48	Ⅳ	1.36	Ⅳ	1.40	Ⅳ	0.76	Ⅰ	2.67	Ⅲ	9.36	Ⅲ	Ⅳ
5	3.48	Ⅳ	1.64	Ⅳ	2.57	Ⅴ	1.85	Ⅱ	1.62	Ⅱ	33.30	劣Ⅴ	劣Ⅴ
6	4.93	Ⅳ	1.39	Ⅳ	4.42	劣Ⅴ	3.34	Ⅱ	2.75	Ⅲ	14.00	Ⅳ	劣Ⅴ

续表

编号	COD$_{Mn}$ P_i	水质类别	BOD$_5$ P_i	水质类别	COD$_{Cr}$ P_i	水质类别	NH$_3$-N P_i	水质类别	TN P_i	水质类别	TP P_i	水质类别	水质类别
7	4.89	IV	1.64	IV	4.15	劣V	3.15	II	4.08	III	8.20	III	劣V
8	5.13	V	1.25	III	3.70	劣V	1.51	II	3.49	III	13.03	IV	劣V
9	6.44	V	1.16	III	1.58	IV	1.98	II	2.75	III	10.52	IV	V
10	6.06	V	1.26	III	1.35	IV	3.34	II	3.26	III	8.78	III	V
11	3.55	IV	1.25	III	0.95	I	2.16	II	3.06	III	9.17	III	IV
12	3.94	IV	1.24	III	1.06	III	1.41	II	2.99	III	9.36	III	IV
13	4.07	IV	1.01	III	0.80	I	1.38	II	2.56	III	5.69	III	IV
14	3.32	IV	0.97	I	1.05	II	1.33	II	1.89	II	15.35	V	V
15	3.75	IV	1.02	III	1.38	IV	1.02	II	1.54	II	12.07	IV	IV
16	4.53	IV	1.30	III	1.45	IV	0.81	I	2.83	III	5.50	III	IV
17	4.92	IV	1.11	III	1.38	IV	1.10	II	2.05	II	6.47	III	IV
18	5.46	V	0.97	I	1.19	III	1.23	II	3.42	III	5.50	III	V
19	5.38	V	0.96	I	1.58	IV	1.28	II	3.61	III	4.92	II	V
20	5.07	V	0.83	I	1.16	III	1.23	II	3.14	III	5.89	III	V
21	5.48	V	0.92	I	1.02	III	1.38	II	3.84	III	7.62	III	V
22	4.42	IV	0.70	I	1.97	IV	1.25	II	4.43	III	14.92	IV	IV
23	4.04	IV	0.93	I	1.37	IV	1.17	II	3.57	III	5.31	III	IV
24	4.55	IV	0.94	I	1.43	IV	0.97	II	1.38	II	5.50	III	IV
25	2.61	III	0.89	I	1.75	IV	1.15	II	2.67	III	5.69	III	IV
26	3.13	IV	0.97	I	2.00	V	1.17	II	1.07	II	6.27	III	V
27	3.53	IV	0.96	I	2.15	V	1.17	II	1.07	II	5.12	III	V
28	3.20	IV	1.07	III	2.31	V	1.62	II	1.93	II	6.08	III	V
29	3.74	IV	1.30	III	2.63	V	1.90	II	4.00	III	7.73	III	V
30	5.10	V	1.12	III	1.75	IV	1.41	II	4.31	III	9.73	III	V
31	5.05	V	1.20	III	1.06	III	2.71	II	4.39	III	14.73	IV	V
32	4.90	IV	1.06	III	1.35	IV	2.42	II	4.31	III	5.50	III	IV
33	4.33	IV	1.20	III	1.09	III	2.81	II	4.67	III	3.76	II	IV
34	4.33	IV	1.30	III	1.88	IV	0.58	II	4.55	III	4.15	II	IV
35	4.02	IV	1.25	III	1.83	IV	2.11	II	4.31	III	5.50	III	IV

续表

编号	COD$_{Mn}$ P_i	水质类别	BOD$_5$ P_i	水质类别	COD$_{Cr}$ P_i	水质类别	NH$_3$-N P_i	水质类别	TN P_i	水质类别	TP P_i	水质类别	水质类别
36	3.39	IV	0.89	I	1.27	III	2.11	II	4.82	III	5.12	III	IV
37	3.63	IV	0.99	I	1.24	III	1.77	II	4.78	III	14.19	IV	IV
38	4.11	IV	0.87	I	1.67	IV	1.59	II	4.31	III	9.56	IV	IV
39	4.01	IV	0.79	I	0.72	I	1.57	II	4.18	III	6.49	III	IV
平均值	4.28	IV	1.11	III	1.72	III	1.64	II	3.09	III	8.84	III	IV

表 4-5 草海枯水期单因子指数法评价结果

编号	COD$_{Mn}$ P_i	水质类别	BOD$_5$ P_i	水质类别	COD$_{Cr}$ P_i	水质类别	NH$_3$-N P_i	水质类别	TN P_i	水质类别	TP P_i	水质类别	水质类别
1	3.13	IV	0.97	I	1.99	IV	2.91	II	2.42	II	4.81	II	IV
2	3.23	IV	0.92	I	2.43	V	3.95	III	3.18	III	4.09	II	V
3	3.06	IV	0.73	I	2.27	V	0.97	II	1.55	II	3.95	II	V
4	2.72	III	0.76	I	1.47	IV	1.02	II	1.66	II	4.09	II	IV
5	4.37	IV	1.39	IV	3.59	劣V	2.82	II	2.97	III	12.82	IV	劣V
6	3.94	IV	1.39	IV	2.34	V	5.37	III	4.55	III	10.53	IV	V
7	3.86	IV	1.19	III	2.29	V	4.46	III	4.14	III	9.39	III	V
8	4.05	IV	1.07	III	2.43	V	3.79	III	3.23	III	6.10	III	V
9	3.91	IV	1.17	III	1.16	III	4.21	III	3.43	III	5.67	III	IV
10	4.06	IV	1.14	III	2.07	V	7.44	IV	5.97	IV	7.10	III	V
11	3.79	IV	0.98	I	1.99	IV	6.60	III	5.10	IV	5.10	III	IV
12	3.26	IV	1.09	III	1.33	III	2.70	II	2.82	III	5.24	III	IV
13	2.95	III	0.85	I	2.05	V	6.10	III	5.56	IV	4.67	II	V
14	3.44	IV	0.80	I	1.33	III	1.52	II	1.91	II	4.95	II	IV
15	3.29	IV	0.95	I	1.05	III	1.23	II	2.01	II	5.53	III	IV
16	3.28	IV	0.67	I	1.74	IV	2.82	II	2.37	II	5.10	III	IV
17	3.03	IV	0.76	I	1.94	IV	1.69	II	2.42	II	5.10	III	IV
18	2.78	III	0.78	I	1.05	III	1.52	II	3.63	III	5.24	III	III
19	2.97	III	1.01	III	1.80	IV	5.55	III	5.81	IV	4.95	II	IV
20	3.13	IV	0.68	I	1.19	III	6.15	III	5.83	IV	5.24	III	IV
21	3.52	IV	0.80	I	1.00	I	5.83	III	6.68	IV	5.67	III	IV

续表

编号	COD$_{Mn}$ P_i	水质类别	BOD$_5$ P_i	水质类别	COD$_{Cr}$ P_i	水质类别	NH$_3$-N P_i	水质类别	TN P_i	水质类别	TP P_i	水质类别	水质类别
22	4.09	IV	0.68	I	1.60	IV	5.72	III	5.26	IV	5.81	III	IV
23	3.83	IV	0.99	I	1.96	IV	6.19	III	5.76	IV	5.10	III	IV
24	3.88	IV	0.90	I	1.80	IV	3.58	III	3.18	III	5.67	III	IV
25	3.68	IV	0.78	I	2.62	V	5.72	III	4.55	III	4.95	II	V
26	2.82	III	0.96	I	1.99	IV	1.69	II	2.42	II	4.52	II	IV
27	2.94	III	1.00	I	1.27	III	0.93	II	2.06	II	4.67	II	III
28	3.52	IV	0.70	I	0.88	I	0.72	II	1.81	II	5.67	III	IV
29	3.12	IV	0.73	I	0.91	I	0.89	II	1.61	II	4.67	II	IV
30	3.05	IV	0.85	I	0.77	I	1.44	II	1.96	II	4.52	II	IV
31	3.49	IV	0.69	I	1.47	IV	1.27	II	2.06	II	4.81	II	IV
32	3.55	IV	0.75	I	1.05	III	1.35	II	1.96	II	5.53	III	IV
33	3.38	IV	0.97	I	1.58	IV	1.86	II	2.01	II	9.09	III	IV
34	2.85	III	0.71	I	1.91	IV	2.45	II	2.52	III	5.15	III	III
35	3.18	IV	0.72	I	1.52	IV	3.45	III	2.87	III	6.50	III	IV
36	3.12	IV	0.74	I	1.05	III	4.76	III	4.44	III	6.12	III	IV
平均值	3.40	IV	0.90	I	1.69	IV	3.35	III	3.38	III	5.78	III	IV

从单因子指数法结果分析来看，草海丰水期和枯水期的水质类别都为IV类水质，但枯水期的水质要好于丰水期。其中，丰水期水质评价结果为IV类水、V类水和劣V类水的采样点个数分别为21个、14个和4个，分别占采样点总数的54%、36%和10%；枯水期水质评价结果为IV类水、V类水和劣V类水的采样点个数分别为24个、8个和1个，分别占采样点总数的67%、22%和3%。各指标单因子指数最大的是TP和COD$_{Mn}$，说明这两个指标对草海水质产生的影响最大，是主要的污染因子。

2. 综合污染指数法

(1) 方法步骤

内梅罗指数法为

$$P = \sqrt{\frac{(C_i/C_{0i})^2_{平均} + (C_i/C_{0i})^2_{最大}}{2}} \tag{4-1}$$

式中，P 为内梅罗指数；C_i 为第 i 种指标的实测浓度，mg/L；C_{0i} 为地表水中第 i 种指标的评价标准，mg/L。

内梅罗指数法数学过程简洁，运算简单，但其计算结果突出最大污染物产生的影响，却没有考虑污染因子的危害性差异。在评价项目中若只有一项指标 P_i 值偏高而其他指标 P_i 值均较低时，也会使得综合评价评分值偏高。因此，将内梅罗指数表达式修改如下：将污染指数平均值改为加权平均值，根据污染评价指标对环境及人体的危害性大小来确定各评价指标的权重大小，其具体做法如下。

通常情况下，污染因子的危害性大小与其排放标准呈反比例关系(阳贤智等，1990)，因此，我们可以以此为根据来确定各个评价指标的权重。

首先将各个评价指标的水质标准按从大到小的顺序排列为 S_1、S_2、$\cdots$、S_n，将其中最大的一个记为 $S_{\max}$，将比值 $\gamma_i = \dfrac{S_{\max}}{S_i}$ 表示第 i 种评价指标的相对重要性大小，则 $\omega_i = \dfrac{\gamma_i}{\sum\limits_{i=1}^{n} \gamma_i}$ 的比值可表示各评价指标的权重大小(闫欣容，2010)。根据以上权重的计算方法，各评价指标的权重计算结果如表 4-6 所示。

表 4-6 评价指标的权重

指标名称	TP	NH$_3$-N	TN	COD$_{Mn}$	BOD$_5$	COD$_{Cr}$
权重	0.799 148	0.106 553	0.079 915	0.007 991	0.005 328	0.001 066

将式(4-1)中的算术平均值更改为加权平均值，即可得到改进的内梅罗指数法，即

$$P = \sqrt{\dfrac{(C_i/C_{0i})^2_{\text{加权平均}} + (C_i/C_{0i})^2_{\text{最大}}}{2}} \quad (4\text{-}2)$$

此式不仅突出了最大污染因子产生的影响，还弥补了平均指数的缺陷，能够更为准确地反映水体水质的客观情况。得出内梅罗指数后，根据综合指数按表 4-7 规定的级别标准划分地下水质量级别，其评价结果如表 4-8 所示。

表 4-7 地表水质量分级表

级别	优良	良好	较好	较差	极差
P	<0.80	0.80~2.5	2.5~4.25	4.25~7.20	>7.20

(2) 评价结果

运用式(4-2)计算草海的内梅罗综合指数,结果见表 4-8。从综合污染指数法结果分析来看,枯水期的水质要好于丰水期,丰水期的水质为较差,而枯水期的水质为较好。其中,丰水期水质评价结果为较好、较差和极差的采样点的个数分别为 15 个、14 个、10 个,分别占采样点总数的 38%、36%和 26%;枯水期水质评价结果为较好、较差和极差的采样点的个数分别为 28 个、6 个、2 个,分别占采样点总数的 77.7%、16.7%和 5.6%。

表 4-8 草海水环境质量综合指数评价结果

丰水期			枯水期		
编号	P	水质分级	编号	P	水质分级
1	9.29	极差	1	3.44	较好
2	3.65	较好	2	2.93	较好
3	4.75	较差	3	2.82	较好
4	6.68	较差	4	2.92	较好
5	23.76	极差	5	9.16	极差
6	9.99	极差	6	7.53	极差
7	5.86	较差	7	6.71	较差
8	9.30	极差	8	4.36	较差
9	7.51	极差	9	4.06	较好
10	6.28	较差	10	5.09	较差
11	6.55	较差	11	3.66	较好
12	6.69	较差	12	3.75	较好
13	4.07	较好	13	3.35	较好
14	10.95	极差	14	3.54	较好
15	8.61	极差	15	3.95	较好
16	3.93	较好	16	3.64	较好
17	4.62	较差	17	3.64	较好
18	3.93	较好	18	3.75	较好
19	3.52	较好	19	3.55	较好
20	4.21	较好	20	3.76	较好
21	5.45	较差	21	4.07	较好
22	10.65	极差	22	4.17	较好
23	3.79	较好	23	3.66	较好
24	3.93	较好	24	4.06	较好
25	4.07	较好	25	3.55	较好

续表

	丰水期			枯水期		
编号	P	水质分级	编号	P	水质分级
26	4.48	较差	26	3.23	较好
27	3.65	较好	27	3.33	较好
28	4.34	较差	28	4.05	较好
29	5.52	较差	29	3.33	较好
30	6.95	较差	30	3.23	较好
31	10.52	极差	31	3.44	较好
32	3.94	较好	32	3.95	较好
33	2.70	较好	33	6.49	较差
34	2.97	较好	34	3.68	较好
35	3.93	较好	35	4.65	较差
36	3.66	较好	36	4.38	较差
37	10.13	极差	—	—	—
38	6.83	较差	—	—	—
39	4.64	较差	—	—	—
平均值	6.32	较差	平均值	4.13	较好

3. 模糊综合评价法

(1) 评价方法及步骤

模糊综合评价法是建立在模糊集合基础之上的一种用数学方法来研究、分析、处理实际生产和生活中大量模糊性现象的评价方法。模糊综合评价法运用模糊数学中的隶属度原则将定性评价转化为定量评价，对受到多因素影响的对象做出综合评价。模糊综合评价法能很好地处理在评价过程中出现的模糊性的、能定量化的问题。模糊综合评价法的方法和步骤一般可归纳为以下几步。

1) 建立评价对象因子集 U 和评价集 V：若有 m 个污染因子参与评价，则因子集 $U=\{U_1, U_2, \cdots, U_m\}$；若水质级别划分为 n 级，则评价集 $V=\{V_1, V_2, \cdots, V_n\}$。

2) 建立评价因子的权重集 A：由于各污染因子的重要程度一般各不相同，为了反映各污染因子的重要程度，对各污染因子 U_i 赋予一个相应的权数 $a_i(i=1, 2, \cdots, m)$，这些权数构成了权重集 $A=\{a_1, a_2, \cdots, a_m\}$。其中

$$a_i = a_i' \Big/ \sum_{i=1}^{m} a_i', \quad i=1, 2, \cdots, m; \quad a_i' = c_i / s_i$$

式中，c_i 为第 i 种污染评价因子的实测值；s_i 为第 i 种污染评价因子的基点值。基点值定义为"清洁"和"污染"之间的分界值，由于水质标准分为 5 级，可将中间一级定义为基点值。由于溶解氧(DO)的含量越大表示水质越好，因此，它的权重赋值则取其倒数(孙世群等，2010；管佳佳等，2008；孙宝权等，2009)。

3) 隶属函数的建立和隶属度的确定：通过确定分级代表值 e_{in} 来建立线性隶属函数，按照隶属函数就可计算出各污染因子对评价集的隶属度。线性隶属函数为

$$r_{in} = \begin{cases} 1 - r_{i(n-1)} & e_{i(n-1)} < C_i \leqslant e_{in} \\ (e_{i(n+1)} - C_i)/(e_{i(n+1)} - e_{in}) & e_{in} < C_i < e_{i(n+1)} \\ 0 & C_i \leqslant e_{i(n-1)}, \ C_i \geqslant e_{i(n+1)} \end{cases}$$

式中，r_{in} 为第 i 种评价因子对第 n 类水质标准的隶属度；C_i 为评价因子的实测浓度；e_{in} 为各级代表值，其值确定方法是：e_{i1} 取水质标准第一级的值，e_{i2} 取水质标准第一级与第二级的平均值，依此类推(孙宝权等，2009)。由于 DO 不是污染物，其浓度越大表明水质越好，因此在求解 DO 隶属度时，需将上式中的大于改为小于，小于改为大于(高海勇，2007；杨昆和孙世群，2007)。

4) 建立模糊关系矩阵 **R**：模糊矩阵反映各个因子对每一级质量标准的隶属程度，根据隶属函数公式，计算出各个污染因子评价集的隶属度，可得出模糊关系矩阵：

$$R = \begin{bmatrix} r_{11} & r_{12} & \cdots & r_{1(n-1)} & r_{1n} \\ r_{21} & r_{22} & \cdots & r_{2(n-1)} & r_{2n} \\ \vdots & \vdots & \vdots & \vdots & \vdots \\ r_{m1} & r_{m2} & \cdots & r_{m(n-1)} & r_{mn} \end{bmatrix}$$

式中，m 为污染因子个数；n 为水质类别数。

5) 计算模糊综合评价矩阵 **B**：在建立完 **A** 和 **R** 之后，将 **A** 和 **R** 进行符合运算就可得到模糊综合评价矩阵 **B**：$B = (b_j) = A \times R$。$B = (b_1, b_2, \cdots, b_n)$ 是综合评价结果，在确定了综合评价集之后就可根据最大隶属度原则确定评价等级，即 $b_j = \max(b_1, b_2, \cdots, b_n)$ 为该评价对象的评价级别。

(2) 评价过程及评价结果

1) 因子集及评价集的建立：选取污染因子进行模糊评价，因子集为 $U = \{DO, COD_{Mn}, BOD_5, COD_{Cr}, NH_3\text{-}N, TN, TP\}$。参照《地表水环境质量标准》(GB 3838—2002)确立分级代表值和基点值(表 4-9)，以及建立评价集 $V = \{Ⅰ, Ⅱ, Ⅲ, Ⅳ, Ⅴ, 劣Ⅴ\}$，将水质分为 6 类。

表 4-9 分级代表值和基点值

污染因子	e_{i1}	e_{i2}	e_{i3}	e_{i4}	e_{i5}	e_{i6}	e_{in}
DO	7.5	6.75	5.5	4	2.5	2	5
COD_{Mn}	2	3	5	8	12.5	15	6
BOD_5	3	3	3.5	5	8	10	4
COD_{Cr}	15	15	17.5	25	35	40	20
NH_3-N	0.15	0.325	0.75	1.25	1.75	2	1
TN	0.2	0.35	0.75	1.25	1.75	2	1
TP	0.02	0.06	0.15	0.25	0.35	0.4	0.2

2) 计算权重集和隶属度：以丰水期 1 号采样点为例，运用前文提到的公式进行计算得到 A=(0.0894，0.1700，0.1872，0.1973，0.0623，0.0662，0.2276)，根据公式计算各污染因子对各级水质标准的隶属度：

$$R = \begin{bmatrix} 1 & 0 & 0 & 0 & 0 & 0 \\ 0 & 0 & 0.7230 & 0.2770 & 0 & 0 \\ 0 & 0 & 0.4803 & 0.5197 & 0 & 0 \\ 0 & 0 & 0.3259 & 0.6741 & 0 & 0 \\ 0 & 0.9275 & 0.0725 & 0 & 0 & 0 \\ 0 & 0.9292 & 0.0708 & 0 & 0 & 0 \\ 0 & 0 & 0 & 0.8978 & 0.1022 & 0 \end{bmatrix}$$

按照公式进行模糊运算得到 b_j 值：$B=A×R=(b_j)$=(0.0894，0.1192，0.2863，0.4817，0.0233，0)，b_4=0.4817 为最大值，因此，该采样点的综合评价水质级别为Ⅳ类。同理，可以计算得出其他各点的水质级别，评价结果如表 4-10 和表 4-11 所示(平均值 b_j 为用各指标含量的平均值计算所得)。

表 4-10 草海丰水期水质模糊综合评价结果

编号	b_1	b_2	b_3	b_4	b_5	b_6	水质级别
1	0.089	0.119	0.286	0.482	0.023	0.000	Ⅳ
2	0.296	0.069	0.047	0.354	0.234	0.000	Ⅳ
3	0.152	0.034	0.210	0.494	0.109	0.000	Ⅳ
4	0.115	0.054	0.456	0.375	0.000	0.000	Ⅲ
5	0.073	0.054	0.053	0.220	0.064	0.536	劣Ⅴ
6	0.058	0.063	0.118	0.268	0.123	0.370	劣Ⅴ
7	0.064	0.036	0.190	0.276	0.075	0.361	劣Ⅴ

续表

编号	模糊综合评价						水质级别
	b_1	b_2	b_3	b_4	b_5	b_6	
8	0.079	0.023	0.171	0.266	0.122	0.340	劣Ⅴ
9	0.094	0.083	0.260	0.242	0.273	0.048	Ⅴ
10	0.086	0.069	0.420	0.144	0.282	0.000	Ⅲ
11	0.235	0.103	0.414	0.248	0.000	0.000	Ⅲ
12	0.122	0.153	0.397	0.329	0.000	0.000	Ⅲ
13	0.287	0.289	0.128	0.287	0.010	0.000	Ⅱ
14	0.271	0.183	0.143	0.239	0.165	0.000	Ⅰ
15	0.157	0.168	0.190	0.485	0.000	0.000	Ⅳ
16	0.023	0.095	0.337	0.383	0.067	0.000	Ⅳ
17	0.136	0.150	0.320	0.268	0.127	0.000	Ⅲ
18	0.269	0.072	0.316	0.126	0.218	0.000	Ⅲ
19	0.255	0.067	0.192	0.293	0.194	0.000	Ⅳ
20	0.261	0.091	0.321	0.172	0.156	0.000	Ⅲ
21	0.249	0.130	0.285	0.121	0.215	0.000	Ⅲ
22	0.188	0.006	0.098	0.456	0.253	0.000	Ⅳ
23	0.284	0.069	0.302	0.341	0.005	0.000	Ⅳ
24	0.320	0.080	0.168	0.355	0.077	0.000	Ⅳ
25	0.301	0.114	0.294	0.255	0.036	0.000	Ⅰ
26	0.335	0.045	0.219	0.245	0.156	0.000	Ⅰ
27	0.327	0.064	0.122	0.252	0.235	0.000	Ⅰ
28	0.122	0.211	0.252	0.102	0.313	0.000	Ⅴ
29	0.099	0.033	0.359	0.212	0.036	0.261	Ⅲ
30	0.111	0.046	0.282	0.409	0.152	0.000	Ⅳ
31	0.090	0.121	0.279	0.297	0.214	0.000	Ⅳ
32	0.109	0.184	0.331	0.266	0.112	0.000	Ⅲ
33	0.101	0.188	0.373	0.300	0.039	0.000	Ⅲ
34	0.103	0.054	0.251	0.477	0.116	0.000	Ⅳ
35	0.098	0.092	0.294	0.456	0.060	0.000	Ⅳ
36	0.244	0.112	0.391	0.253	0.000	0.000	Ⅲ
37	0.224	0.029	0.272	0.395	0.079	0.000	Ⅳ
38	0.236	0.020	0.206	0.526	0.012	0.000	Ⅳ
39	0.310	0.144	0.244	0.301	0.001	0.000	Ⅳ
平均值	0.114	0.105	0.277	0.455	0.050	0.000	Ⅳ

表 4-11　草海枯水期水质模糊综合评价结果

编号	b_1	b_2	b_3	b_4	b_5	b_6	水质级别
1	0.247	0.179	0.206	0.231	0.139	0.000	Ⅰ
2	0.216	0.123	0.255	0.091	0.227	0.088	Ⅲ
3	0.290	0.115	0.153	0.118	0.324	0.000	Ⅴ
4	0.334	0.148	0.323	0.195	0.000	0.000	Ⅰ
5	0.073	0.069	0.128	0.358	0.040	0.333	Ⅳ
6	0.078	0.000	0.319	0.367	0.229	0.000	Ⅳ
7	0.015	0.106	0.396	0.254	0.229	0.000	Ⅲ
8	0.095	0.169	0.241	0.206	0.205	0.084	Ⅲ
9	0.103	0.097	0.575	0.224	0.000	0.000	Ⅲ
10	0.086	0.029	0.240	0.512	0.133	0.000	Ⅳ
11	0.191	0.083	0.270	0.324	0.054	0.000	Ⅳ
12	0.116	0.251	0.458	0.176	0.000	0.000	Ⅲ
13	0.198	0.047	0.285	0.331	0.139	0.000	Ⅳ
14	0.296	0.165	0.304	0.234	0.000	0.000	Ⅲ
15	0.342	0.267	0.259	0.133	0.000	0.000	Ⅰ
16	0.227	0.188	0.205	0.351	0.030	0.000	Ⅳ
17	0.260	0.153	0.216	0.252	0.120	0.000	Ⅰ
18	0.300	0.216	0.446	0.039	0.000	0.000	Ⅲ
19	0.092	0.159	0.301	0.405	0.043	0.000	Ⅳ
20	0.200	0.046	0.442	0.311	0.000	0.000	Ⅲ
21	0.330	0.039	0.232	0.359	0.039	0.000	Ⅳ
22	0.187	0.035	0.258	0.511	0.008	0.000	Ⅳ
23	0.198	0.041	0.180	0.483	0.098	0.000	Ⅳ
24	0.225	0.121	0.205	0.403	0.047	0.000	Ⅳ
25	0.177	0.042	0.267	0.217	0.038	0.259	Ⅲ
26	0.291	0.156	0.213	0.195	0.146	0.000	Ⅰ
27	0.340	0.151	0.395	0.115	0.000	0.000	Ⅲ
28	0.476	0.145	0.179	0.200	0.000	0.000	Ⅰ
29	0.534	0.146	0.206	0.114	0.000	0.000	Ⅰ
30	0.500	0.188	0.215	0.097	0.000	0.000	Ⅰ

续表

编号	模糊综合评价						水质级别
	b_1	b_2	b_3	b_4	b_5	b_6	
31	0.285	0.152	0.244	0.319	0.000	0.000	IV
32	0.303	0.285	0.218	0.195	0.000	0.000	I
33	0.273	0.105	0.257	0.365	0.000	0.000	IV
34	0.108	0.325	0.238	0.226	0.102	0.000	II
35	0.119	0.256	0.378	0.248	0.000	0.000	III
36	0.116	0.276	0.483	0.126	0.000	0.000	III
平均值	0.236	0.117	0.289	0.349	0.009	0.000	IV

从模糊综合评价法结果分析来看，草海丰水期和枯水期的水质类别都为IV类，但枯水期的水质要好于丰水期。其中，丰水期水质评价结果为 I～劣V类的采样点的个数分别为 4、1、12、16、2 和 4 个，分别占采样点总数的 10%、3%、31%、41%、5% 和 10%；枯水期水质评价结果为 I～V类的采样点的个数分别为 9、1、12、13 和 1 个，分别占采样点总数的 25%、3%、33%、36% 和 3%。从平均值来看，丰水期各指标平均含量的 b_j 值：$B=A\times R=(b_j)=(0.1143, 0.1045, 0.2767, 0.4548, 0.0497, 0)$，因此水质级别隶属于 I～V类的隶属度分别为 0.1143、0.1045、0.2767、0.4548 和 0.0497，水质总体属于IV类；枯水期各指标平均含量的 b_j 值：$B=A\times R=(b_j)=(0.2356, 0.1173, 0.2894, 0.3490, 0.0087, 0)$，因此水质级别隶属于 I～V类的隶属度分别为 0.2356、0.1173、0.2894、0.3490 和 0.0087，水质总体属于IV类。

4. 主成分分析法

主成分分析法是一种通过降维技术把多个变量化为少数几个主成分的多元统计分析方法(高惠璇，2002)，能够在最大限度地保留原始数据信息的基础上，对高维变量进行综合和简化，并且能够客观地确定各指标的权重，避免主观随意性，较其他的方法有一定的优越性，是环境质量综合评价的一种简单有效的方法。主成分分析法在水质评价中的应用主要有 2 方面：一是建立综合评价指标，评价各采样点间的相对污染程度，并对各采样点的污染程度进行分级；二是评价各单项指标在综合指标中所起的作用，指导删除那些次要的指标，确定造成污染的主要成分，其评价的主要步骤如下(刘小楠和崔巍，2009；方红卫等，2009)。

1) 建立原始变量矩阵 X，由该样本的 p 个因子构成。
2) 将各变量标准化，即对同一变量减去其均值再除以标准差，以消除量纲影响。
3) 在标准化数据矩阵的基础上计算原始指标相关系数矩阵 R。

4)解特征方程,并将其 p 个特征根按大小顺序排列 $(\lambda_1 \geqslant \lambda_2 \geqslant \cdots \geqslant \lambda_p)$,按贡献率 $\geqslant 0.85$ 确定一个 m 值。

5)选取前 m 个特征值对应的单位特征向量即可以写出主成分计算公式。

6)将各待评样点的标准化数据分别代入各主成分的表达式,计算得出采样点的各主成分得分,以方差贡献率 (d_i) 为权数求和计算综合得分,各项得分值即对水体采样点污染程度的定量化描述。

首先对其中的逆指标溶解氧进行倒数变换,这是因为随着溶解氧数值的增大,表示水质变好,两者呈正相关关系;而其他因子则是随着数值的增大,表示水质变差,呈负相关关系。然后对矩阵中的元素进行标准化变换,得到标准化矩阵(表 4-12)。

表 4-12 草海水质标准化数据表

采样点	COD_{Mn}	BOD_5	NH_3-N	COD	TP	TN	DO
1	1.4404	−0.0347	2.646	−1.0991	0.5116	−0.0317	0.4481
2	−0.9612	−1.4985	0.8842	−1.7249	0.6229	−0.202	0.3988
3	−0.5828	−1.6315	−0.2635	−1.5461	0.6866	−0.2719	1.6378
4	−0.4582	0.2314	−0.3038	−9204	−0.4743	−0.6474	−0.5432
5	−1.1784	−0.0347	−0.3743	−0.2226	2.5948	−1.2281	−0.6924
6	−0.7713	0.8968	−0.8474	0.3927	1.5453	−1.5337	−0.4939
7	−0.0215	−1.6315	−1.1595	1.1311	−0.5379	−0.4072	1.8856
8	2.7167	1.8282	1.2768	−0.058	−0.5379	0.8896	−1.6343
9	−0.2167	−0.4339	1.8608	−0.4698	−1.0945	1.1952	1.4899
10	−0.2172	−1.6315	−1.522	1.7946	−0.9673	1.0948	1.8856
11	−0.5054	0.0984	0.8037	0.683	−0.5379	0.8896	−0.8896
12	−1.1073	−0.0347	0.8037	−0.1815	−0.6651	1.3306	0.3002
13	−0.8825	−1.0993	0.2902	0.8065	2.229	1.2956	0.6959
14	0.0511	1.9613	0.0184	1.4653	0.7502	0.8896	−1.0881
15	−0.3164	0.4976	−0.8072	1.1126	−0.6651	−1.8044	−0.0476
16	0.3503	0.0984	−0.7367	−1.0461	−0.2358	−1.0883	−0.1462
17	1.3464	0.6306	−0.5353	−0.3051	−0.5379	0.1037	−0.6924
18	0.7928	0.4976	−0.4548	0.6007	−0.7287	0.2739	−0.7417
19	0.9684	0.2314	−0.5353	−1.3913	−0.4107	−0.1365	0.0524
20	0.8844	−0.0347	−0.3038	−0.5708	0.13	0.4792	−0.8896
21	−0.4906	0.7637	−0.6159	−0.0375	−0.6015	0.239	−0.8403
22	−1.3564	−0.4339	−0.6159	0.947	−0.2994	−1.9441	0.5973
23	0.5155	0.7637	0.4916	0.6394	−0.7764	0.6145	−0.6924

标准化后的数据用来计算各评价指标的相关系数矩阵 R，然后再进一步计算，得到相关系数矩阵的特征值和单位化特征向量，并计算出各特征值对应主成分的方差贡献率，如表 4-13、表 4-14 所示。由表 4-13 中的结果可知，前 4 个特征值对应主成分的累计方差贡献率已经达到 86.816%，根据累计贡献率达 85%的原则选取前 4 个主成分，它们已经能够反映原始指标所提供的绝大部分信息，可利用它们对草海 23 个点位的水质进行综合评价。各主成分线性表达式中原始指标的系数取相应特征值对应的单位化特征向量即可(表 4-14)，构造出的 4 个主成分表达式如下：

F_1=0.500 71x_1+0.563 42x_2+0.278 23x_3−0.051 94x_4−0.170 65x_5+0.219 06x_6−0.524 37x_7

F_2=0.169 31x_1−0.353 72x_2+0.535 73x_3−0.320 14x_4−0.213 05x_5+0.219 06x_6−0.524 37x_7

F_3=0.103 21x_1−0.009 52x_2−0.314 23x_3+0.638 04x_4−0.600 25x_5+0.301 36x_6+0.179 77x_7

F_4=−0.346 51x_1+0.087 32x_2+0.268 83x_3+0.491 34x_4+0.541 15x_5+0.504 16x_6−0.108 67x_7

表 4-13　主成分贡献率计算结果

主成分	特征值	贡献率/%	累计贡献率/%	主成分载荷						
				COD$_{Mn}$	BOD$_5$	NH$_3$-N	COD	TP	TN	DO
F_1	2.286	32.661	32.661	0.757	0.852	0.421	−0.078	−0.258	0.331	−0.793
F_2	1.559	22.272	54.933	0.212	−0.442	0.669	−0.4	−0.266	0.643	0.477
F_3	1.31	18.713	73.646	0.118	−0.011	−0.36	0.73	−0.687	0.345	0.206
F_4	0.922	13.17	86.816	−0.333	0.084	0.258	0.472	0.52	0.484	−0.104
F_5	0.462	6.594	93.41							
F_6	0.363	5.184	98.594							
F_7	0.098	1.403	100							

表 4-14　相关系数矩阵 R 所对应的单位化特征向量

指标	COD$_{Mn}$	BOD$_5$	NH$_3$-N	COD	TP	TN	DO
COD$_{Mn}$	0.5007	0.1696	0.1032	−0.3465	0.6793	0.3468	−0.0903
BOD$_5$	0.5634	−0.3537	−0.0095	0.0873	−0.2179	0.0602	0.7062
NH$_3$-N	0.2782	0.5357	−0.3142	0.2688	−0.4315	0.5005	−0.1669
COD	−0.0519	−0.3201	0.638	0.4913	0.0139	0.4517	−0.2053
TP	−0.1706	−0.213	−0.6002	0.5411	0.4988	0.1181	0.0983
TN	0.219	0.515	0.3013	0.5041	0.2094	−0.5291	0.1347
DO	−0.5243	0.3823	0.1797	−0.1086	0.1094	0.3573	0.6287

前 4 个主成分的累计方差贡献率达到 86.816%，它们可以反映草海 23 个采样点水体中 7 种水质指标全部情况的 86.816%。F_1 的方差贡献率为 32.661%，远高

于其他因子，因而该因子对水体中水质状况具有决定性的意义。第一主成分中，BOD_5、COD_{Mn}、DO 的绝对值较大，对水质类别归属起主导作用，第一主成分反映了水体中有机污染的情况；与第二主成分密切相关的是 NH_3-N 和 TN；在第三主成分中 COD 有较高的载荷；第四主成分因子主要为 TP。

各主成分得分与对应的方差贡献率乘积的总和即综合得分。计算出草海 23 个采样点位的各主成分得分及综合得分，给予各采样点水环境质量状况以定量化描述，得分越大，表明污染程度越严重(郭天印和李海良，2002)，由此可对各采样点的水环境质量状况进行排序和分级，最终结果如表 4-15 所示。由表 4-15 可知，在 1、14、23 处 3 个采样点的污染较为严重，其分布靠近草海湖边，受周边农田化肥施用的影响较为严重，由于水流动缓慢，平均水深较浅，水体的 N、P

表 4-15 草海水质主成分分析结果

采样点	F_1 得分	F_2 得分	F_3 得分	F_4 得分	综合得分	得分排名	污染程度
1	1.1657	2.0719	−1.6198	−0.1185	0.5235	6	重
2	−1.3496	1.3085	−1.8264	−0.2155	−0.5195	19	轻
3	−2.2393	1.1718	−1.1480	−0.7143	−0.7793	20	轻
4	0.0881	−0.4676	−0.5492	−0.8788	−0.2939	15	轻
5	−1.0507	−1.7665	−2.1977	1.0554	−1.0089	23	轻
6	−0.4776	−2.3354	−1.0497	0.4272	−0.8163	21	轻
7	−2.2972	0.2157	1.6383	−0.5919	−0.4736	17	轻
8	3.8918	0.4646	0.1222	−0.1322	1.3800	1	重
9	−0.1436	2.6821	0.3822	0.1552	0.6424	3	重
10	−2.1283	0.6409	2.8656	0.2292	0.0140	12	中
11	0.7434	0.3241	0.5612	0.9893	0.5503	5	重
12	−0.0935	1.2548	0.3718	0.7857	0.4220	7	中
13	−1.4836	0.5949	−0.4798	2.4677	−0.1168	14	轻
14	1.6970	−1.2628	0.5380	1.8507	0.6176	4	重
15	−0.4172	−1.8240	0.7730	−0.7816	−0.5008	18	轻
16	−0.0414	−0.6013	−0.6134	−1.4851	−0.4578	16	轻
17	1.3738	−0.2806	0.3363	−0.8689	0.3347	9	中
18	1.0927	−0.4647	0.9900	−0.2341	0.4078	8	中
19	0.5512	0.2781	−0.4069	−1.4394	−0.0237	13	轻
20	0.9175	0.0612	−0.2705	−0.2631	0.2280	10	中
21	0.6107	−0.7412	0.3938	−0.0611	0.1000	11	中
22	−1.8319	−1.4188	0.3630	−0.4750	−0.9089	22	轻
23	1.4219	0.0932	0.8263	0.2991	0.6792	2	重

等营养物质含量过高,水体中的水生植物大量繁殖,污染物聚集,水体浑浊。在2～7这6个采样点处污染较轻,其分布在草海上游,水流动速度较快,水生植物较少,因此污染程度较低,水质较好。在下游方向的8～14,这7个采样点由于分布在下游,水深较深,水底长有大量水生植物,死亡的水生植物分解需要消耗大量氧,而水流较慢,水体富氧不足,导致水体自净能力下降,致使污染比上游较为严重。23个采样点中有11个点水质较好,6个中度污染,6个污染较严重。总体来看,草海的水质状况趋于恶化。

4.2.4 评价结果分析

(1) 污染评价结果比较

从三种评价方法的结果可以看出,草海水质的水期变化表现为枯水期的水质优于丰水期。出现这种现象的原因可能为:进入丰水期后,正是农耕频繁的季节,草海周围农地的化肥和农药用量大幅增大,根据中国环境科学研究院的实验结果,水田和旱田对化肥的利用率分别为30%～50%和40%～60%,大部分化肥通过分解、挥发、渗透、淋溶等途径流失到环境中(杨大杰,2008),由此可知,大量未被利用的氮、磷肥在雨季随着地表径流进入草海,污染水体,致使草海在丰水期水质较枯水期差;草海周边居民随意堆弃垃圾,沿湖垃圾堆随处可见,每到丰水期雨季,几条主要的沟渠就成为排污纳垢的通道,垃圾随着湖水水位的上涨而涌入草海;在丰水期,大量的营养物质在雨水的冲刷作用下从沉积物表层被输送到水体表层,使表层水获得足够的营养盐而促进了水体的富营养化,导致水质进一步恶化。

根据评价结果,从水质空间来看,污染最重的是航道内的水体,从湖面入口至距湖心1000m的水域、湖心至阳关山水域、湖周靠近岸边的水域等区域的水质污染较重,西水域水质较好。航道内的水体常年处于封闭状态,常受撑船、游人等人类活动的影响,搅动沉积物使得水体中悬浮物大量增加,造成水体严重污染。湖面入口至距湖心1000m的水域、湖心至阳关山水域靠近县城,受到县城排放的生活和生产污水的影响较严重,另外水禽养殖区处于该片水域内,投放的饲料除部分被鱼类摄取外,其余部分饲料和鱼类排泄物通过物质循环成为含氮较多的肥料,加重了水体污染。湖周靠近岸边的水体由于受到周边农田化肥、农药的大量施用和周围村民生活污水随意排入草海的影响,湖岸边湖水污染较重。西水域由于水深较深,较少受到游人撑船游览等人类活动的影响,水生植物的水质净化能力较强,还分布有几条小河溪,外来补给水稀释了水体总的污染浓度,因此水质较其他区域要好。因此,草海的水体污染主要受人类活动的影响。

由评价结果可以看出,三种评价方法的结果存在比较大的差异,运用模糊综合评价法所得到的水质类别要优于另外两种评价方法得到的水质类别,综合污染指数法所得到的水质类别要优于单因子指数法得到的结果,即模糊综合评价法＞综合污染指数法＞单因子指数法。这主要是由三种评价方法的出发点不同所造成的。单因子指数法实际上只考虑了最突出、污染状况最严重的因子对整个评价结果所产生的影响,充分显示了超标最严重的评价因子对整个评价结果所起到的决定性作用,而弱化了其他因子的作用。模糊综合评价法则充分考虑了每个因子对整个评价结果的贡献,并将贡献按权重进行分配,其评价结果是各个参评因子综合作用的产物(朱青等,2004)。改进后的内梅罗指数法虽然也综合考虑了各个指标对整个评价结果的权重影响,但改进方法与原方法都存在一个固有问题(李亚松等,2009),即其描述的环境质量是非连续性的,分级标准是建立在二值逻辑基础上的,它的非连续性和截然性会使相差很小的污染强度值处于两类完全不同的级别中,而相差很大的污染强度值可能会处于同一级别中(王博和韩合,2005),这显然不符合客观实际。

三种评价方法在评价出发点、原理等方面各有特色。单因子指数法适用于个别评价因子超标过大、严重影响水环境质量的情况,其评价出发点是为了体现单因子否决权。内梅罗指数法数学过程简洁,运算方便,对于一个评价区只需计算出它的综合指数,再对照相应的分级标准,便可知道该评价区某环境要素的综合环境质量状况,便于决策者做出综合决策(王博和韩合,2005)。模糊综合评价法适用于各个评价因子超标情况接近的情况,其评价出发点是为了体现不同评价因子对水质的综合影响。因此,在实际水质评价过程中,应根据具体监测数据和评价目的来选用合适的评价方法,使评价结果满足管理需要,反映水体的实际情况。

(2)草海水体污染空间变化

草海在丰水期和枯水期的水质空间分布特征基本一致。草海码头综合污染指数最高,污染程度最为严重,草海为国家级旅游景点,参观和科考的人员众多,导致码头人类活动频繁,从湖面入口到湖中心污染指数依次递减。根据各点丰水期和枯水期的综合污染指数,按照最大最小值和等分原则,将研究区域划分为4级：Ⅰ级0~2.5,Ⅱ级2.5~5,Ⅲ级5~7.5,Ⅳ级7.5~10,污染程度依次递增。草海丰水期和枯水期的水质级别空间分布见表4-16,枯水期总体水质较差。根据各个国控点综合指数大小将湖区划分为3个水功能区：草海码头综合污染指数最大,为污染控制区;胡叶林、湖面出口和湖面中心污染状况与其他点相比最好,为生态恢复区;阳关山、湖面入口、入口中段污染状况并未达到最差,但范围广,影响因素复杂,为综合改善区。

表 4-16　草海水质空间上综合污染评价

地点	丰水期 污染指数	丰水期 污染级别	枯水期 污染指数	枯水期 污染级别	水功能区
草海码头	9.29	IV	8.74	IV	污染控制区
湖面入口	7.45	III	7.93	IV	综合改善区
入口中段	4.75	II	3.82	II	综合改善区
湖面中心	2.68	II	2.92	II	生态恢复区
湖面出口	3.76	II	3.92	II	生态恢复区
阳关山	6.99	III	7.53	IV	综合改善区
胡叶林	3.86	II	3.71	II	生态恢复区

4.3　草海水质污染指标关联度分析

对草海水质进行单因子污染评价分析，发现草海单因子污染指数最高的是COD和TP。

4.3.1　灰色关联分析

数理统计方法中的主成分分析、回归分析、方差分析等都是用来进行系统分析的方法，这些方法对原始数据有较高的要求，不仅要求样本量足够大，还要求样本服从某个典型的概率分布，要求系统特征数据与各因素数据之间呈线性关系且各因素之间彼此无关，而这在实际工作中往往难以满足。

灰色关联分析(GCA)是一种以关联度计算为基本手段的分析系统中因素关联程度的灰色系统分析方法。灰色关联分析与上面所提到的几种数理统计方法相比，具有以下特点和优点。

1)因子发展态势分析。

2)是以定性分析为基础的定量分析。

3)对样本数据量没有严格要求。

4)对原始数据的分布类型不限，对因素之间发展变化的关系是直线还是非直线不限。

5)计算方法简洁，完全可以靠手工实现计算。

灰色关联分析方法弥补了数理统计方法的不足，尤其是在统计数据十分有限、现有数据灰度较大、许多数据没有什么典型分布规律及存在人为原因的条件下，该方法具有广泛的实际应用性。

4.3.2 灰色关联分析模型的建立

根据灰色关联分析的计算原理和方法,灰色关联分析需要经过以下几个步骤。

1)首先把要进行分析的指标确定为因变量因素,设其数据构成的数列为参考序列:$X_0(k)=[X_0(1),X_0(2),\cdots,X_0(n)]$,把其他指标作为自变量因素,设其数据构成的数列为比较序列:$X_i(k)=[X_i(1),X_i(2),\cdots,X_i(m)]$,其中 i=1,2,…,m;k=1,2,…,n。

2)对各变量进行无量纲化,以消除各指标间的数据由计算单位的不同而造成的影响。常用的无量纲化方法有初值法、均值法等,本书运用均值法,即每个指标数据减去其指标的平均值,然后再除以该指标数列的标准方差,得到的新数列,记为 $X_i'(k)$,其中 i=0,1,…,m;k=0,1,…,n。

3)求序列差:$\Delta_{0i}(k)=|X_0'(k)-X_i'(k)|$,$\Delta_i=\{\Delta_i(1),\Delta_i(2),\cdots,\Delta_i(n)\}$,$i$=1,2,…,$m$。

4)关联系数的计算:$\zeta_{0i}(k)=\dfrac{\Delta_{\min}+\rho\Delta_{\max}}{\Delta_{0i}(k)+\rho\Delta_{\max}}$,式中,$\Delta_{\min}$、$\Delta_{\max}$ 为分别 $\Delta_{0i}(k)$ 的最小值和最大值;ρ 为分辨系数,其值在 0~1,ρ 越小,分辨力越大,当 $\rho<$ 0.5463 时,分辨力较好,我们通常取 ρ=0.5。

5)关联度的计算:$r_{0i}=\dfrac{1}{n}\sum_{k=1}^{n}\zeta_{0i}(k)$,$i$=1,2,…,$m$。

6)关联度的排序:从关联度的大小排序可以看出比较序列和参考序列的联系紧密程度,可以从中得到各个因素对要考察对象或因素的影响程度。

4.3.3 灰色关联分析结果

按照以上关联度分析的方法分别求得草海各指标与 COD_{Mn}、TP 的关联度,如图 4-10 和图 4-11 所示。

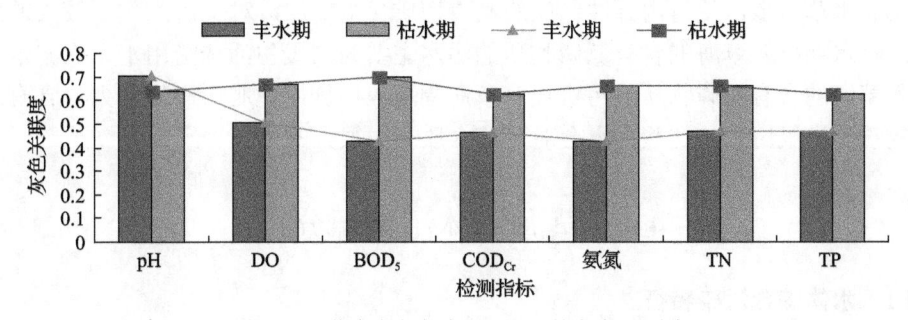

图 4-10 草海各指标与 COD_{Mn} 的灰色关联度

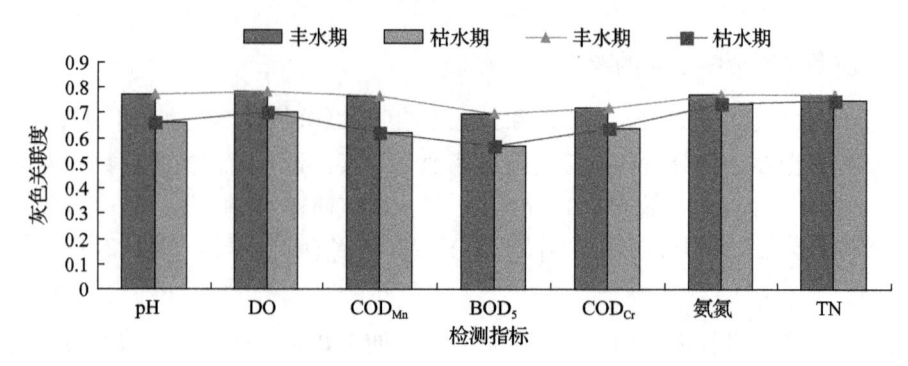

图 4-11 草海各指标与 TP 的灰色关联度

由图 4-11 可知，在丰水期对 COD_{Mn} 有较高灰色关联度的是 pH，其他各指标的关联度大小都差不多，在春末到秋初的这段时间，水温升高，正好是水中的蓝藻等藻类生物活跃繁殖的时期，其过程也会影响 pH 的变化，在夏季，表层水体因为藻类的光合作用吸收水中的 CO_2 而提高了水体的 pH（平均值达 8.22），使之呈弱碱性（解岳等，2005；杨波等，2007）。藻类腐烂死亡形成的内源性 COD 增加，使得 COD 和 pH 表现出较高的相关性，关联度也较高。也因为如此，夏季的 COD 往往大于冬季（张运林等，2008）。枯水期除 pH 外，其他各指标与 COD_{Mn} 的关联度都要大于丰水期各指标与 COD_{Mn} 的关联度，根据 $r>0.7$ 才有影响，$r>0.7$ 的指标为 BOD_5，当 BOD_5 含量升高时，水中的溶解氧含量势必会有所降低，NH_3-N 在硝化菌的作用下，在水中含氧量不足时，会产生亚硝酸氮，而 COD 正是反映水中受还原性物质的污染程度，因而 COD_{Mn} 也表现为与各指标有较高的相关性。

丰水期各指标与 TP 的关联度都要大于枯水期，在丰水期，正是草海春末到夏末阶段，温度升高，是水生生物活跃的时间，也是农耕频繁的季节。TP 主要是由排入草海的污水和水体中的芦苇、水草及藻类等生物死亡产生的。在枯水期，草海的水温较低，水体中的植物刚开始生长，数量很少，而丰水期水体中腐烂的芦苇和水草较多，使得内源性释放的氮磷物质含量增加，对 TP 产生了较大的影响。枯水期排入草海的含有氮磷物质的污水主要为居民生活洗涤用水，而丰水期排入草海的含有氮磷物质的污水还有草海周边农田施用化肥所产生的大量含有氮磷物质的灌溉用水，这些污水会对草海水质产生很大的影响。

4.4 草海水体污染源分析

4.4.1 水体综合污染特征

污染源评价是在明确污染物排污位置、形式、数量和规律的基础上，综合考虑污染物的性质,通过等标处理,对不同污染源的污染能力进行鉴别和比较,确定评价区的主要污染源和污染物。等标污染负荷是进行污染源评价的一个经常使用的评价指标,主要反映的是污染源本身潜在的污染水平。采用此方法对各种污染源的污染负荷进行评价,计算公式为

$$P_i = \frac{C_i}{C_0}$$

式中,P_i 为第 i 个污染物的等标排放量(m^3);C_i 为该污染物排放量(t/a);C_0 为该污染物按《地表水环境质量标准》应执行的浓度阈值(《地表水环境质量标准》中Ⅰ类标准:COD 为 15mg/L、TN 为 0.2mg/L、TP 为 0.02mg/L)。

当第 j 个污染源有 n 个污染物时,其源内的污染物等标排放量(P_j)是:$P_j = \sum_{i=1}^{n} P_{ij}$,$P_{ij}$ 表示第 j 个污染源内 i 个污染物的排放量总和;若某地区有 m 个污染源,该地区的等标污染负荷(P)是:$P = \sum_{j=1}^{m} P_j = \sum_{j=1}^{m}\sum_{i=1}^{n} P_{ij}$;该地区第 j 个污染源的等标污染负荷率(K_j)是:$K_j = \sum_{i=1}^{n} P_{ij} / P \times 100\%$;该地区 i 污染物的等标污染负荷率(K_i)是:$K_i = \sum_{j=1}^{m} P_{ij} / P \times 100\%$。根据 K_j 数值的大小排序可以确定该地区的重点污染源,K_j 最大值表示该地区内的主要污染源;根据 K_i 数值的大小排序可以确定该地区的主要污染物;K_i 最大值表示该地区内的主要污染物(徐成汉,2004;陈晓宏等,2007)。

生活污水、畜禽养殖和农田化肥构成了目前草海主要的污染源(表 4-17)。选用 COD、TN 和 TP 三个评价因子,采用等标污染指数的方法对上文污染物排放量的估算数据进行统计,并计算相应的污染物等标排放量和等标污染负荷(表 4-18),对污染源和污染物的污染负荷进行评价。

表 4-17 污染源、污染物排放总量(t/a)

项目	COD	TN	TP	总计
农田化肥	0	131.67	25.76	157.43
畜禽养殖	2697.25	573.09	153.60	3423.94
生活污水	3505.4	493.17	91.51	4090.08
总计	6202.65	1197.93	270.87	7671.45

表 4-18 污染物等标排放量和等标污染负荷

项目	COD	TN	TP	总计
农田化肥/($\times 10^6$t/a)	0	658.35	1 288	1 946.35
畜禽养殖/($\times 10^6$t/a)	179.82	2 865.45	7 680	10 725.27
生活污水/($\times 10^6$t/a)	233.69	2 465.85	4 575.50	7 275.04
总计/($\times 10^6$t/a)	413.51	5 989.65	13 543.50	19 946.66
污染负荷比/%	2.07	30.03	67.90	100

由表 4-18 可知，COD、TN、TP 的等标排放量分别为 413.51×10^6t/a、5989.65×10^6t/a 和 13 543.50×10^6t/a，污染负荷比为 2.07%、30.03%和 67.90%，可知 TP、TN 为草海地区目前排放量最大和给草海造成危害最大的主要污染物；草海三大污染源农田化肥、畜禽养殖、生活污水的等标污染负荷分别为 1946.35×10^6t/a、10 725.27×10^6t/a 和 7275.04×10^6t/a，污染负荷比为 9.76%、53.77%和 36.47%，可知畜禽养殖为污染物排放量最大的污染源。

4.4.2 草海水环境污染源分析

水是草海的最基本要素，是草海人和湿地生物赖以生存的基本条件。尽管草海的水资源较丰富，但不是取之不竭的。改革开放以来，经济的发展和草海流域的人口不断增加，使得坐落在湖东北岸分水岭上的威宁县城不断扩大，其中 1/3 的城市居民区属于草海流域。威宁是一个边远的少数民族自治县，基础设施落后，城市三废没有专门的处理，而是任意排放和堆积。由于草海湿地是人们生活区域的下游，承担和接受了城镇生活污水、农业污水等，对草海造成的影响和污染也越来越严重。

第5章 草海高原湿地土壤环境质量特征分析

土壤是构成湿地生态系统的重要环境因子之一，湿地土壤中的 C、N、P、K 是湿地生态系统中极其重要的生态因子，影响湿地生态系统的生产力。因此，关于湿地土壤养分元素的研究备受人们关注。湿地含水量大，呈现还原性质，导致湿地土壤中重金属元素以不溶硫化物和晶体形式存在，一方面降低了重金属元素的生物毒性，另一方面又使得重金属元素在湿地土壤中大量积累，可谓有利有弊。湿地系统的氧化还原性将对大多农药的残留性质产生影响，存留在自然环境中的 DDT 在厌氧条件下脱氯还原生成 DDD，在好氧条件下则降解为 DDE，因此在好氧环境中 DDE 的相对含量会较高。DDE/DDD 和(DDD+DDE)/DDTs 两个比值可以作为判断沉积物中 DDTs 的降解环境和是否有新 DDTs 类农药输入的指标(Hitch and Day，1992)。

立足农业生产中的主要污染问题，选择草海湿地代表性利用类型土壤，我们调查分析了造成草海地区土壤环境污染的主要污染源、污染物的种类及分布特征，研究区域农业生产造成土壤环境污染的胁迫机制，着眼于探明区域环境污染的特征，以及主要污染源、污染物的种类和数量等，识别区域环境污染的关键污染源，对草海地区环境污染物的种类、来源及数量开展研究，通过普遍抽样调查与典型布点采样监测相结合的手段，探究造成草海环境污染的主要污染物及其来源，研究区域土壤环境中重金属、农药残留、颗粒有机磷(POP)、氮磷等污染物的时空分布情况，以及污染物在环境中的迁移途径及循环过程和机制，探究主要污染物对草海环境污染现状的贡献水平，识别草海地区环境污染的关键源及主要胁迫因子，为草海地区土壤污染控制提供理论依据，指导区域土壤污染防治政策的合理制定。

5.1 技术方法

5.1.1 草海土壤资源调查

在研究区域土壤环境污染时，必须对当地污染源进行调查，包括污染源的类型、分布、规模，污染物排放的数量、种类、污染物进入环境的方式，以及对环境的影响程度等。在调查数据的基础上，制定合理的预防控制措施。

2010～2011 年共采集草海湿地土壤样品 92 个，其他土壤样品包括草海周围的农用地、林地、湖滨沼泽草地土壤 38 个。采集好的土壤样品运回实验室，将土样按编号倒入干净的塑料膜上,在半干状态下把土块压碎,并除去石砾、残根等杂物,均匀铺开,置于阴凉通风处自然晾干。晾干后充分混匀,按对角线四分取土法分取一半样品研磨,另一半作为备用样品保存。样品全部过 2mm 尼龙网筛,备用;取过 2mm 筛的土样 20g 左右经玛瑙研钵研细全部过 0.15mm 尼龙网筛,充分混合均匀供分析测试用。为防止样品制备产生二次污染,样品采集、混合、装袋、粉碎、研磨等处理过程均采用木头、塑料、玛瑙等用具。

2011~2012 年,以草海湖区为中心,对环湖周围各种土地利用类型土壤进行代表性调研采集,共采集草海地区耕地土壤样品 64 个,其主要来自于草海环湖的白马村、东山村、郑家营村、民族村、大马城村、草海湖入口、出水口、银龙村、张家湾村、西海村等的耕地土壤及湖滨沼泽地土壤,对照为林地土壤,详见表 5-1。

表 5-1　草海土壤及农作物样品采集情况

采样点	白马村	东山村	郑家营村	民族村	大马城村	草海湖入口	出水口	银龙村	张家湾村	西海村	合计
土壤	8	11	2	5	9	11	4	5	3	6	64

在土壤样本采集过程中,对草海环湖地带每个微环境区域不同土地利用方式的土壤进行采集,为了保证土壤样品的代表性,采用多点采集的混合样品。按 10m×10m 正方形 4 个定点和中心(共 5 个点)取 0~20cm 的土壤 5 个分样组成混合样,充分混合后用四分法反复取舍,保留 1kg 左右土壤装于布袋中;每种农作物按小区采集 5 个样品,去除老叶及根部土壤,取其可使用部分的混合样 1kg,贴好标签,运回实验室。

5.1.2　土壤污染评价方法

(1) 超标率法

在监测总次数中,超过标准次数占全部监测总次数的比例。

(2) 单因子指数法

单因子指数法可以分别反映各污染物的污染程度,但不能全面、综合地反映土壤的污染程度,因此这种方法仅适用于单一因子污染特定区域的评价,但单因子指数法是其他环境质量指数、环境质量分级和综合评价的基础。其表达式为

$$P_i = \frac{C_i}{S_i}$$

式中,P_i 为土壤中污染物 i 的环境质量指数;C_i 为污染物 i 的实测含量;S_i 为 i 种污染物的评价标准。

若 $P_i \leqslant 1.0$，则土壤没有受到人为污染；若 $P_i > 1.0$，则土壤已受到人为污染，指数越大则表明土壤污染物累积污染程度越高。

(3) 污染负荷指数法

污染负荷指数法是 Tomlinson 等(1980)在从事重金属污染水平的分级研究中提出来的一种评价方法。该指数由评价区域所包含的多种重金属成分共同构成，它能直观地反映各重金属对污染的贡献程度及重金属在时间、空间上的变化趋势，应用比较方便。

首先根据某一点的实测重金属含量，计算最高污染系数(CF)

$$CF_i = C_i/B_i$$

式中，CF_i 为元素 i 的最高污染系数；C_i 为元素 i 的实测含量；B_i 为元素 i 的评价标准，即基线值或背景值。

某一点的污染负荷指数(PLI)为

$$PLI_{site} = \sqrt[n]{CF_1 \times CF_2 \times \cdots \times CF_i}$$

式中，PLI_{site} 为某一点的污染负荷指数；CF_i 为元素 i 的最高污染系数；n 为参加评价的元素个数。

某一区域的污染负荷指数为

$$PLI_{zone} = \sqrt[n]{PLI_1 \times PLI_2 \times \cdots \times PLI_n}$$

式中，PLI_{zone} 为某一区域的污染负荷指数；n 为该区域内所包含的样点数。根据计算的数据，就可以计算区域内某污染源的污染物的污染负荷比，按照污染负荷比的大小对污染源、污染物排序，位于前面的通常给予一个特征百分比，达到或超过值的污染源、污染物为区域主要污染源、主要污染物。该方法的独特之处在于它的高度概括性，由点指数求出区域指数，由区域指数求出整个地区的指数。因此这种方法非常适合于多个区域污染状况的对比评价。

5.1.3 重金属污染评价标准

以贵州省土壤重金属元素背景值为评价标准，分析评价草海湿地土壤重金属的累计污染程度，选用《土壤环境质量标准》(GB 15618—1995)(表 5-2)国家二级标准为准则，分析农业土壤重金属污染现状。该标准为保障农业生产维护人体健康的土壤环境质量限制值，主要适于一般农田、蔬菜地、茶园、果木场等。土壤环境质量基本上对植物和环境不造成危害。

表 5-2 《土壤环境质量标准》(GB 15618—1995)

监测项目	pH	Cd/(mg/kg)	As(旱地)/(mg/kg)	Cr(旱地)/(mg/kg)	Pb/(mg/kg)
含量限值	<6.5	≤0.30	≤40	≤150	≤250
含量限值	6.5~7.5	≤0.30	≤30	≤200	≤300
含量限值	>7.5	≤0.60	≤25	≤250	≤350

5.2 土壤养分含量特征研究

水体富营养化的一个最为显著的特点是藻类的大量繁殖，水体生物群落结构改变，水质恶化，水体生态功能受到破坏，而土壤中营养盐的输入导致水体富营养化的发生已得到证实。土壤养分水平的抬升往往被认为是施肥结构不合理的结果，常以作物所需的氮素为依据制定肥料的用量，而很少考虑磷肥、钾肥等，特别是动物粪便中 P/N 比作物吸收的 P/N 高，造成农业耕作中农家肥使用的大量磷在土壤中累积，这部分累积的磷在迁移转化过程中引发水体富营养化。土壤氮、磷累积是引起流域农业面源污染的重要原因，研究土壤氮、磷含量分布状况，能帮助我们掌握区域土壤面源污染发生的潜力，有效控制农业面源污染的发生。

5.2.1 土壤类型及其理化性质

按照中国土壤分类和贵州省土壤分类系统，草海地区分布的土壤可分为 3 个土纲(淋溶土、初育土、水成土)3 个亚纲(湿暖淋溶土、石质初育土、水成土)4 个土类(黄棕壤、石灰土、石质土、沼泽土)5 个亚类(暗黄棕壤、棕色石灰土、钙质石质土、沼泽土、泥炭沼泽土)。

1. 耕地土壤性质特征

根据贵州省土壤分类系统，按照土壤性质和肥力等特征，将草海地区土壤分为 3 个土属 15 个土种，分别为灰泡土土属、大土泥土属、海子土土属，其中灰泡土土属是由黄棕壤开垦种植后形成的旱作土，包括黄灰泡土、黑灰泡土、火石灰泡土、黏质灰泡土、小黄泥灰泡土、大黄泥灰泡土、岩灰泡土、灰泡黏土 8 个土种；大土泥土属是受碳酸盐风化的母质或受碳酸盐水的影响，呈中性至微碱性的耕地土壤，包括棕泥大土、黑泥大土、黄泥大土、油泥大土 4 个土种。海子土土属是由泥炭土开沟排水后开垦的耕作土壤，包括黄海子土、黑海子土和沙质海子土 3 个土种。

(1) 灰泡土土属

黄灰泡土和黑灰泡土：黄灰泡土耕层浅，有机质含量低，在 20~30g/kg，土壤酸度大，pH 为 4.5~5.5，有效磷含量为 3~6mg/kg，有效钾含量为 80~150mg/kg，土壤肥力水平为中下等土壤。黑灰泡土培肥熟化时间长，耕作层较厚，有机质 30~40g/kg，pH 为 5.0~5.5，有效磷含量为 4~5mg/kg，有效钾含量为 30~50mg/kg，属于中等肥力土壤。由于这两种土壤酸度大，有效养分含量低，适宜种植的作物少，一般种植马铃薯、荞麦、玉米，但产量相对低。

火石灰泡土和黏质灰泡土：火石灰泡土和黏质灰泡土的有机质、养分含量与黄灰泡土相似，耕层有机质含量在 20~30g/kg，全氮含量为 1.0~2.0g/kg，有效磷含量小于 10mg/kg，有效钾含量 80~100mg/kg，土壤 pH 为 4.0~5.5，土壤酸度大，有效养分含量低，耕作困难，一般适宜种植马铃薯、荞麦、玉米。

小黄泥灰泡土和大黄泥灰泡土：小黄泥灰泡土因距离村庄远，施肥少，土壤结构较差，耕作粗放，肥力低。大黄泥灰泡土距离村庄近，施肥相对多，耕作较精细，土壤管理好，土壤肥力较高，属于中上等肥力土壤。小黄泥灰泡土耕层有机质含量为 19.1~33.1g/kg，全氮含量 1.45~1.68g/kg，有效磷含量 6.0~14.0mg/kg，有效钾含量 73~150mg/kg，土壤 pH 为 6.5~6.9，呈弱酸性。大黄泥灰泡土耕层有机质含量为 29.2~34.1g/kg，全氮含量 1.10~2.01g/kg，有效磷含量为 6.0~19.0mg/kg，有效钾含量 62~86mg/kg，pH 为 7.1~8.0，呈弱酸性(表 5-3)，适宜于玉米生长。

表 5-3 草海地区灰泡土土属理化性质特征

土壤类型	耕层厚度/cm	pH	有机质含量/(g/kg)	全氮含量/(g/kg)	有效磷含量/(mg/kg)	有效钾含量/(mg/kg)
小黄泥灰泡土	0~16	6.9	33.1	1.68	14.0	150
	16~31	6.5	19.1	1.45	6.0	73
	31~82	6.0	7.1	0.10	5.0	54
大黄泥灰泡土	0~17	8.0	34.1	2.01	19.0	86
	17~25	7.1	29.2	1.10	6.0	62
	25~90	6.0	18.5	1.02	6.0	57
岩灰泡土	0~15	8.0	36.5	1.54	7.0	35
	15~60	7.9	21.9	1.05	2.0	27
灰泡黏土	0~15	4.7	23.0	1.36	5.0	110
	15~60	4.7	9.8	0.61	3.0	55

岩灰泡土和灰泡黏土：岩灰泡土分布在喀斯特丘陵中上部，土壤存在于岩石溶沟中，土层浅薄，表土有机质和全氮含量高，分别为 36.5g/kg、1.54g/kg，土壤 pH 为 8.0，呈弱碱性，有效磷、有效钾含量分别为 7.0mg/kg、35.0mg/kg，以种植玉米为主。灰泡黏土分布在喀斯特丘陵地带，土壤深厚，表土有机质和全氮含量

少,分别为 23.0g/kg、1.36g/kg,土壤 pH 为 4.7,呈酸性,有效磷、有效钾含量分别为 5.0mg/kg、110.0mg/kg,以种植马铃薯、玉米为主。

(2) 大土泥土属

棕泥大土耕层有机质和全氮含量高,分别为 42.7~50.1g/kg、1.70~1.95g/kg,有效磷含量为 2.0~4.0mg/kg,有效钾含量为 43~104mg/kg,土壤肥力高,土壤 pH 为 7.9~8.1,呈弱碱性,适宜于种植马铃薯、玉米等多种作物。

黄泥大土、黑泥大土、油泥大土 3 种土壤 pH 为 6.0~6.5,呈弱酸性,油泥大土有机质和有效养分含量高,有机质和全氮含量分别为 50.0g/kg、3.2g/kg,有效磷、有效钾含量分别为 16.0mg/kg、150mg/kg,适宜于种植多种作物,黄泥大土有机质和全氮含量分别为 42.0g/kg、1.8g/kg,有效磷、有效钾含量分别为 7.0mg/kg、220mg/kg,如表 5-4 所示,有机质和有效磷含量低,作物产量较低。黑泥大土肥力、产量介于黄泥大土和油泥大土之间。

表 5-4 草海地区大土泥土属理化性质特征

土壤类型	耕层深度/cm	pH	有机质含量/(g/kg)	全氮含量/(g/kg)	有效磷含量/(mg/kg)	有效钾含量/(mg/kg)
棕泥大土	0~15	8.1	50.1	1.95	4.0	104
	15~24	7.9	42.7	1.72	2.0	43
	24~26	8.0	42.0	1.70	2.0	30
黄泥大土	15	6.0	42.0	1.8	7.0	220
黑泥大土	18	6.0	50.0	3.1	10.0	170
油泥大土	21	6.5	50.0	3.2	16.0	150

(3) 海子土属

黄海子土和黑海子土:两者的主要区别是泥炭分解程度的差异,因此 C/N、有效养分存在差异。黄海子土泥炭分解程度较黑海子土低,有效养分较黑海子土低。黄海子土 pH 为 6.9~7.9,有机质含量为 28.0~110.8g/kg,全氮含量为 1.1~1.6g/kg,全磷含量 0.2~0.5g/kg,有效磷含量为 5.0~6.0mg/kg,有效钾含量为 53.0~61.0mg/kg。黑海子土 pH 为 6.3~7.2,有机质含量为 69.2~150.0g/kg,全氮含量为 2.9~4.0g/kg,全磷含量为 0.8~0.9g/kg,有效磷含量为 11.0~16.0mg/kg,有效钾含量为 63.0~134.0mg/kg。由上可见,黑海子土肥力高,黄海子土肥力略低。

沙质海子土:其肥力水平与黄海子土相似,pH 为 5.5~6.5,呈酸性至弱酸性,有机质和全氮含量分别为 44.2g/kg、1.8g/kg,有效磷、有效钾含量分别为 7.1mg/kg 和 200.0mg/kg。

综上可知,草海地区耕地面积中有 60%左右为低产耕地,这些低产耕地由于耕层浅、有机质含量低、土壤酸度大、有效养分低,以及坡耕地水土流失严重等,因此耕地作物产量低,经济效益差。

2. 林业用地土壤特征

林业用地土壤主要有黄棕壤、石灰土、石质土、沼泽土几类。

(1) 黄棕壤

黄棕壤是草海自然保护区主要的林业土壤类型之一，植被以云南松、华山松、白栎和各种灌丛草地为主。区域内黄棕壤由砂页岩、石灰岩、白云岩、辉绿岩和第四纪红色黏土发育形成。土壤形成过程的主要特点是：二氧化硅和钙、镁等元素受到淋失，铁、铝氧化物相对聚积。

黄棕壤剖面层次分化明显，剖面构型为 A-B-C 型，由石灰岩和白云岩、泥灰岩发育而成的土壤为 A-B-D 型。土体厚度多在 40~80cm，由第四纪红色黏土发育的达 100cm 以上。在植被覆盖较好的条件下，表面为枯枝落叶等覆盖层，其下表土层为黑棕色、暗棕色、灰黄色至灰棕色，呈粒状、核状或小块状结构；淀积层为黄棕色、红棕色，呈核状或块状结构，较紧，山顶该土层较薄，且石砾较多夹有半风化母岩碎片，下面过渡到母质层。其剖面特征表现为以下几方面。

1) A_0：0~1cm 枯枝落叶等覆盖层。
2) A：1~8cm 灰棕色，黏壤土，核状结构，较松，润，植物根系中量，pH 4.76。
3) B：8~42cm 黄棕色，黏壤土，块状结构，较紧，润，植物根系少量，pH 5.12。
4) C：42cm 以下，为砂页岩风化物。

黄棕壤质地多数比较黏重，淀积层一般又比表土层黏重，通过对发育在砂页岩风化物上的黄棕壤进行分析，在土壤颗粒组成中(表 5-5)，沙粒含量为 42.41%~45.51%，粉(沙)粒含量为 31.26%~33.80%，黏粒含量为 23.23%~23.79%，土壤质地为黏壤土。土壤有机质和全氮含量，A 层分别为 24.3g/kg 和 1.5g/kg，B 层分别为 6.4g/kg 和 1.0g/kg，A 层含量属于中上水平，B 层含量低。全磷含量 A 层为 0.2g/kg，B 层为 0.2g/kg，全磷含量低，有效磷含量 A 层为 0.5mg/kg，B 层为 1.0mg/kg，有效磷含量低，有效供磷能力差，全钾含量 A 层为 7.9g/kg，B 层为 10.0g/kg，含量低，有效钾含量 A 层为 180mg/kg，B 层为 90mg/kg，有效钾含量属于中上水平，表明黄棕壤供钾能力尚好。黄棕壤全剖面有强酸性至微酸性反应，土壤 pH 为 4.0~6.4，土壤交换性酸以交换性 Al^{3+} 为主，土壤盐基饱和度低，属于盐基不饱和土壤。

表 5-5 黄棕壤理化性质

土层	厚度/cm	pH	有机质/(g/kg)	全氮/(g/kg)	全磷/(g/kg)	全钾/(g/kg)	有效磷/(mg/kg)	有效钾/(mg/kg)	颗粒组成/% 2~0.02mm	颗粒组成/% 0.02~0.002mm	颗粒组成/% <0.002mm	质地
A 层	0~8	4.8	24.3	1.5	0.2	7.9	0.5	180	45.51	31.26	23.23	黏壤土
B 层	8~42	5.1	6.4	1.0	0.2	10.0	1.0	90	42.41	33.80	23.79	黏壤土

(2)石灰土

石灰土是由石灰岩、白云岩等碳酸盐岩发育形成的岩性土,草海自然保护区的石灰土属于棕色石灰土,石灰土形成于岩溶山地丘陵,常出现一定的面蚀,使石灰土发育过程总是保持在幼年阶段,受人为活动的影响,石灰土上原生植被已遭破坏,现其植被组成多为喜钙的次生植被及少量的人工植被。

石灰土母岩的风化以化学溶解为主,其化学风化过程进行得十分缓慢,风化产生的碳酸盐随水流失,形成土粒的残留物很少,因此,石灰土土层浅薄,剖面上的石灰土土体厚度一般只有25～50cm。石灰土在成土过程中,碳酸盐虽遭到严重淋失,但一方面母岩风化,另一方面喜钙植物的生物富集作用又给予补充,这样石灰土在形成过程中脱钙和复钙作用反复进行,从而延缓了脱硅富铝化作用,阻滞石灰土向地带性土壤发育。

石灰土剖面构型往往为A-B-D型,其中腐殖质层比较明显,但厚度不一,多为15～20cm,呈黑色、灰黑色或暗棕色,由于富含腐殖质钙有利于优质土壤结构的形成,故具有较好的粒状结构,质地为粉砂质黏土;B层为黄棕色、棕黄色,厚度在15～25cm,呈核状至小块状结构,质地为粉砂黏壤土至粉砂质黏土,土壤与母岩分界清晰。石灰土与裸岩往往呈交错分布,出现土被不连续的状况。石灰土坡面典型剖面特征表现为以下几方面。

1) A_0: 0～1cm 枯枝落叶等覆盖层。
2) A: 1～25cm 黑色,粉砂质黏土,粒状结构,较紧,润,植物根多,pH 7.80。
3) B: 25～60cm 黄棕色,粉砂质黏土,块状结构,紧,润,植物根系少,pH 7.79。
4) D: 60cm 以下,为成土母岩。

石灰土全剖面有弱的碳酸盐反应,土壤 pH 为 7.62～7.85,呈微碱性反应,土壤有机质和全氮含量较高,表层土壤有机质、全氮含量分别为44.4g/kg和2.4g/kg(表5-6),B 层土壤有机质、全氮含量分别为 19.4g/kg 和 2.0g/kg,土壤有效氮含量表层土壤为86mg/kg,B 层土壤为 56mg/kg,表明石灰土供氮潜力较高,土壤全磷含量为 0.2～0.1g/kg,有效磷含量为 0.5mg/kg,表明石灰土无论全磷含量还是有效磷含量都不高,土壤有效磷较缺乏,有效磷供应能力差,土壤全钾含量为 16.2～17.6g/kg,有效钾含量为 90～100mg/kg,全钾含量中等偏上,有效钾供应能力处于中上水平。

表 5-6 石灰土理化性质

土层	厚度/cm	pH	有机质/(g/kg)	全氮/(g/kg)	全磷/(g/kg)	全钾/(g/kg)	有效磷/(mg/kg)	有效钾/(mg/kg)	颗粒组成/% 2～0.02mm	0.02～0.002mm	<0.002mm	质地
表层	0～25	7.7	44.4	2.4	0.2	16.2	0.5	90	19.39	46.40	34.21	粉砂质黏土
B层	25～60	7.8	19.4	2.0	0.1	17.6	0.5	100	18.18	46.63	35.19	粉砂质黏土

(3) 石质土

石质土属于成土年龄短或土壤发生发育处于不稳定状态，受强烈的外营力干扰，土壤剖面发育了不完善的幼年土壤。草海自然保护区石质土主要为钙质石质土亚类。受人为影响，石质土上原生植被已被破坏，现存植被多为喜钙植物，有白栎、火棘、旱生有刺灌丛，以及草坡等。石质土的成土过程特点有三方面：一是有一定程度的淋溶作用；二是无黏化过程；三是生物富集过程明显。

由于石质土发育的母岩多为坚硬、致密的石灰岩，因此岩石的风化过程以化学风化为主，难以形成较大的碎屑，C 层不发育，剖面层次简单，剖面构型为 A-D 型，A 层浅薄，厚度多在 15cm 以下，土壤颜色多为黑棕色。由于钙质石质土中钙和有机质含量均高，因此土壤结构良好，多为团粒状结构，土壤质地为壤质黏土、粉砂质黏土。石质土常分布在石质山地上，出现土被破碎、岩石裸露的状况，石质土典型剖面特征表现为以下方面。

1) A：0~20cm 黑棕色，壤质黏土，粒状结构，较松，润，植物根中量，pH 8.26。

2) D：20cm 以下为成土母岩。

石质土 pH 为 8.2~8.3，呈碱性反应，土壤有机质、全氮含量高，A 层土分别为 48.9g/kg 和 2.2g/kg，与石灰土相比，全磷、全钾含量低，A 层全磷、全钾含量分别为 0.3g/kg 和 9.4g/kg，土壤有效磷含量偏少，有效钾含量中等偏上，含量分别为 5.0mg/kg 和 170mg/kg（表 5-7），表明钙质石质土有效钾供应能力良好。

表 5-7 石质土理化性质

土层	厚度/cm	pH	有机质/(g/kg)	全氮/(g/kg)	全磷/(g/kg)	全钾/(g/kg)	有效磷/(mg/kg)	有效钾/(mg/kg)	颗粒组成/% 2~0.02mm	颗粒组成/% 0.02~0.002mm	颗粒组成/% <0.002mm	质地
A 层	0~15	8.3	48.9	2.2	0.3	9.4	5.0	170	32.21	39.20	28.59	壤质黏土

(4) 沼泽土

草海流域沼泽土分为沼泽土和泥炭沼泽土两个亚类。

1) 沼泽土。沼泽土是在沼泽植物和湖沼沉积物长期作用下形成的土壤，由于长期潮湿积水，沼泽植物累积的大量有机质不能充分分解，多以腐殖质形态积累，土体下部有潜育层，有时在潜育层下还有大量泥炭。

沼泽土分布在湖滨地区，土壤 pH 为 7.3~8.0，呈中性至微碱性反应，土壤层次明显，土壤较厚，A 层为暗灰色，质地为粉砂质黏土，较紧，核状结构；B 层为黄灰色，块状结构，质地为焚烧之黏土，紧实。A 层土壤有机质和全氮含量高，分别达到 62.3g/kg 和 2.7g/kg（表 5-8），B 层有机质、全氮含量分别为 21.0g/kg 和 1.5g/kg；土壤有效氮含量 A 层为 146mg/kg，B 层为 72mg/kg，表明土壤供氮潜力较高,土壤全磷含量 A 层为 0.5g/kg,B 层为 0.3g/kg,有效磷含量 A 层为 8.0mg/kg,B 层为 4.0mg/kg,表明沼泽土磷素含量高,土壤有效磷丰富,土壤全钾含量为 11.1~11.8g/kg,有效钾含量为 140~205mg/kg,全钾含量中等偏下,有效钾供应处于中等偏上水平。

表 5-8 沼泽土理化性质

土层	厚度/cm	pH	有机质/(g/kg)	全氮/(g/kg)	全磷/(g/kg)	全钾/(g/kg)	有效氮/(mg/kg)	有效磷/(mg/kg)	有效钾/(mg/kg)
A 层	0~28	7.7	62.3	2.7	0.5	11.1	146	8.0	140
B 层	28~42	7.6	21.0	1.5	0.3	11.8	72	4.0	205

2)泥炭沼泽土。泥炭沼泽土主要分布在草海湖中心区域,地表长期处于深水淹没下,沉水植物和浮叶植物大量死亡残存而积累多量泥炭,其厚度一般在 50cm 以上,局部地方裸露或被淤积腐泥覆盖。

泥炭沼泽土有机质、全氮、有效磷、有效钾等含量高,A 层有机质和全氮分别含量为 50~120g/kg 和 2.6~4.8g/kg,有效磷、有效钾含量分别为 7mg/kg 和 120mg/kg;泥炭层有机质含量达 500g/kg,全氮、全磷、全钾含量分别为 15.6g/kg、0.3g/kg、1.5g/kg(表 5-9)。

表 5-9 泥炭沼泽土理化性质

土层	pH	总碳/(g/kg)	全氮/(g/kg)	全磷/(g/kg)	全钾/(g/kg)	碱解氮/(mg/kg)	有效磷/(mg/kg)	有效钾/(mg/kg)	灰分 H_2O/%	腐殖酸质量/(mg/kg)
泥炭层	5.5	475.8	15.6	0.3	1.5	445.0	5.0	30	78.5	520.9
A 层	7.4	76.4	3.5	0.2	1.3	126.4	7.0	120	/	/

5.2.2 不同土地利用类型养分含量差异特征

草海各类土壤各养分含量的统计特征由表 5-10 可知,各类土壤有机质、总氮、总磷、碱解氮和有效磷含量的最大值是最小值的几倍、十几倍甚至几十倍,可见各采样点养分含量的差异较大。

表 5-10 草海土壤养分含量统计特征

土壤类型		有机质/(g/kg)	总氮/(g/kg)	总磷/(g/kg)	碱解氮/(mg/kg)	有效磷/(mg/kg)
沼泽草地	最小值	12.33	1.24	0.28	77.61	3.34
	最大值	81.47	6.62	0.78	393.52	29.51
	平均值	32.10	2.89	0.50	164.89	10.53
	中值	19.98	2.16	0.49	114.00	7.93
	标准偏差	22.83	1.72	0.16	105.62	8.28

续表

土壤类型		有机质/(g/kg)	总氮/(g/kg)	总磷/(g/kg)	碱解氮/(mg/kg)	有效磷/(mg/kg)
农用地	最小值	14.68	1.65	0.40	94.09	1.91
	最大值	44.45	3.65	0.98	235.91	66.89
	平均值	27.05	2.42	0.68	165.14	29.11
	中值	26.37	2.22	0.66	164.31	25.29
	标准偏差	8.28	0.58	0.16	38.59	16.16
林地	最小值	5.54	0.98	0.21	29.53	0.61
	最大值	20.41	1.78	0.55	109.88	1.56
	平均值	15.10	1.36	0.33	76.85	0.89
	中值	17.10	1.26	0.25	82.41	0.68
	标准偏差	6.12	0.32	0.15	32.22	0.41

为定量反映调查区域内各项指标含量波动程度的大小，选用变异系数(CV)来表示其变化程度的大小，其计算公式为：$CV=S^2/X$，式中，S^2 表示各指标参数的标准偏差；X 表示各指标参数的平均值。按照变异系数划分等级：CV<10%，表示弱变异性；CV=10%～100%，表示中等变异性；CV>100%，表示强变异性。草海不同土壤各养分的变异系数都在10%～100%，说明草海土壤各养分都存在中等程度变异。草海沉积物和草海湖周边的沼泽草地、农用地都以 TP 的变异系数最小，分布最为均匀；而林地则以 TN 的空间分布最为均匀。草海各类土壤均以有效磷的变异系数最大，说明有效磷的富集程度在不同地点存在较显著差异，分布最不均匀。

湿地是陆地生态系统碳循环的重要组成部分，虽然在面积上仅占陆地面积的2%～6%，但其碳的存储量超过全球土壤碳库的1/3，对于稳定和维持气候起到重要作用。在全球气候变化和人类活动的共同作用下，湿地退化而面积萎缩，导致湿地存储的碳可能以 CO_2 或 CH_4 的形式释放到大气中，一方面打破全球生态碳平衡，另一方面对全球变暖产生正反馈效应。湿地退化土壤理化性质发生癌变，从而影响有机碳的稳定性，不同的演替阶段土壤团聚体的结构不同，对土壤有机碳的保护作用也会发生变化。由于排水垦殖及自然因素的影响，草海湿地系统水质恶化，水位下降，面积大幅度萎缩，严重影响了湿地的碳"汇"功能。

总体上，草海湿地各土地利用类型土壤有机质和TN含量的分布规律为：沼泽草地(32.10g/kg、2.89g/kg)＞农用地(27.05g/kg、2.42g/kg)＞林地(15.10g/kg、1.36g/kg)。碱解氮含量的分布规律为：农用地(165.14mg/kg)＞沼泽草地(164.89mg/kg)＞林地(76.85mg/kg)。TP 和有效磷含量的分布规律为：农用地(0.68g/kg、29.11mg/kg)＞沼泽草地(0.50g/kg、10.53mg/kg)＞林地(0.33g/kg、0.89mg/kg)。

5.2.3　土壤养分空间分布特征

随着湿地退化程度的加剧,草海湿地土壤中有机质含量逐渐降低,表明湿地退化伴随着土壤碳库的损失,湿地碳汇功能减弱,这与纳帕海高原湿地的研究结果一致,随着湿地的退化,土壤碳储量显著降低(李宁云等,2007)。首先,随着草海湿地退化,水深和含水率逐渐降低,土壤透气性增加,促进了土壤有机质的分解,土壤中的有机碳含量因分解加速而降低。其次,湿地退化,植物群落从水生向中生演变,植物群落的变化影响湿地中有机碳的质和量。植物群落变化导致生物量改变,一方面会影响湿地土壤有机质输入的量,另一方面会影响有机质的组成成分。植物群落组成决定了残落物和根系沉积物的性质,植物残落物和根系沉积物如多糖、木质素、酚类化合物等是降解性不同的混合物,它们的相对组成会影响土壤有机质的分解速率和程度。最后,湿地退化土壤理化特性的变化导致对有机质的物理保护作用发生改变,微团聚体增加有利于有机质保存,反之则减小。由上可见,湿地退化影响有机质分布变化是物理保护、化学及生物共同作用的结果,与植物群落演替、水文条件变化和土壤理化特性变化密切相关。

不同退化程度湿地土壤有机碳剖面分布特征不同,原生湿地和轻度退化湿地土壤有机碳剖面分布特征相似,呈倒"V"分布,但与中度退化和重度退化湿地显著不同,原生湿地和轻度退化湿地具有明显的表聚现象,而中度退化和重度退化湿地土壤有机碳含量在垂直剖面上无明显变化。这是由于原生湿地和轻度退化湿地长期处于淹水状态,有机质分解速率慢,新输入的有机碳未能及时分解进而在中上层累积;而中度退化和重度退化湿地由于处于干湿交替、干旱状态,土壤透气好,土壤有机质的分解较快,土壤中输入的有机碳被快速分解而无累积。此外,重度退化湿地较中度退化湿地有更高的有机碳含量,可能与中度退化频繁的干湿交替有关,干湿交替时期植物残体的分解比在连续渍水或干旱条件下快。

地表水,特别是湖泊和港湾,当营养物质尤其是 N 和 P 的输入增加时,其生物学生产力会有所提高,这种变化可能是有益的(在低生产力的水体中能增加鱼类生产)。但是,过度营养(富营养化)常常也能导致许多不利的后果,其中包括藻类和水生植物的大量繁殖,以及底层水中氧的耗竭及水体清澈度的降低。大部分生产力低的湖泊,通常被认为是 P 不足而不是 N 不足所造成的,但在富营养化的湖泊,其情况恰恰相反。在富营养化过程中,N 的作用很难确切地定量。大部分 N 是从非点源(主要来自地表径流,在某些情况下来自地下水)到达地表水。即使这些来源减至最少,藻类的固氮作用及大气降水中的氮也仍可不受阻碍地继续为富营养化作用提供足够的氮。依据土壤中累积的氮、磷含量水平,采用聚类统计分析法,对草海农业非点源污染的敏感性进行划分,草海东北部集大面积的密集型耕作农业和农村居民点于一体，土壤氮、磷累积源于化肥的频繁施用和农村生活污水的排放，是草海湿地养分面源污染优先控制区，西北面为次优先控制区。

地壳中磷素的平均含量为0.28%，与土壤中磷的平均含量(0.12%)比较，土壤磷素的水平低于地壳，土壤有效磷往往不能满足作物生长需要，然而当季施用磷肥利用率仅为10%～25%，因而磷素在土壤中不断积累，累积态磷的利用一般随作物栽种频率的增加而减少，水溶性磷肥实际上转化为另一些新磷酸盐形态。

氮肥是提高农作物单位面积产量的重要因素之一，但无机肥料中的氮肥能被作物利用的最多不超过80%，一般只有35%～60%，肥料中的氮素被作物利用的多少及其损失依据土壤类型、作物种类和肥料形态的不同而有很大的差异。

陆地生态系统、湖泊生态系统可通过生物固氮作用从降水、干的散落物、移动的沉积物、排出(进入)水体，以及从动物和人类活动中得到氮。氮损失机制有反硝化作用、淋溶、径流和流出物，以及氮挥发作用和收获的作物。一些迁移过程促使氮从一个生态系统中损失而又被另一个生态系统所获得，然而，有些氮可以在一个生态系统内从相对活跃的氮贮库迁移到相对稳定的位量。显然，各生态系统中氮输入和移动的本质、程度是不同的，而且在一个生态系统内氮得失的所有过程并不是同时发生的。

5.3 土壤重金属含量特征

重金属是构成地壳的元素，在土壤环境中分布广泛。重金属在地壳中的含量大都低于0.1%，并且多存在于各种矿物和岩石中，经过岩石风化、火山喷发、大气降尘、水流冲刷和生物摄取等过程，构成其在自然环境中的迁移循环，使重金属元素遍布于土壤、大气、水体和生物体中，特别是在土壤环境中易于积累。与人工合成的有机污染物不同，重金属在土壤环境中存在背景值。而且由于成土母岩、母质、成土过程等因素的差异，重金属元素在土壤环境中的背景值存在空间分异特征。此外，重金属在土壤中不易随水淋滤，不能被土壤微生物分解，相反，生物体可以富集重金属，使重金属常常在土壤环境中累积，甚至某些重金属元素在土壤中还可以转化为毒性更大的甲基化合物，问题的严重性还在于重金属在土壤环境中积累的初期不易被人们所觉察或注意，而一旦毒害作用比较明显地表现出来就难以消除。因此，重金属对土壤环境的污染与对水环境的污染相比，其治理难度大，污染危害也更大。

5.3.1 草海湿地土壤中重金属含量特征

(1) 不同土地利用类型土壤重金属含量特征

草海各类土壤中7种重金属含量的中值和平均值有的比较接近(表5-11)，说明受特异值的影响较小。土壤中重金属含量的最大值与最小值差别较大,是最小值的几倍、几十倍甚至上百倍,可见各采样点重金属含量的分布并不均匀。

表 5-11　草海土壤重金属含量的统计特征(mg/kg)

土壤类型		Cd	Cr	Pb	Hg	As	Cu	Zn
底泥	最小值	1.48	22.30	19.90	0.07	14.11	9.13	231.48
	最大值	37.29	55.89	67.40	1.98	27.93	33.55	702.50
	平均值	18.09	37.88	34.46	0.54	17.20	18.56	431.31
	中值	16.12	38.69	29.55	0.37	16.98	17.85	398.60
	标准偏差	10.17	8.23	12.93	0.43	2.71	5.18	136.37
沼泽草地	最小值	1.25	33.22	13.10	0.07	11.75	8.02	114.51
	最大值	6.92	93.34	49.30	0.73	25.38	32.11	576.65
	平均值	3.28	59.26	26.24	0.40	19.43	18.30	218.32
	中值	2.97	64.03	23.00	0.38	20.01	18.72	168.11
	标准偏差	1.76	19.44	11.77	0.23	4.14	7.08	137.79
农用地	最小值	0.39	25.69	12.70	0.05	9.60	6.64	124.60
	最大值	8.45	80.40	141.00	1.26	29.66	116.54	650.93
	平均值	3.88	50.83	36.59	0.38	20.85	25.36	221.40
	中值	3.70	50.25	26.55	0.26	21.07	16.75	184.99
	标准偏差	2.25	14.76	31.47	0.33	6.33	28.51	129.11
林地	最小值	0.58	46.26	2.55	0.10	16.28	5.50	134.47
	最大值	2.49	63.26	14.00	0.40	27.92	27.03	195.30
	平均值	1.24	55.80	9.05	0.17	21.78	13.46	156.20
	中值	1.08	55.49	8.53	0.11	22.76	9.96	150.69
	标准偏差	0.77	6.72	4.74	0.13	4.86	8.71	25.09

以变异系数的大小定量反映调查区域内各项指标含量的波动程度,分析可知,除农用地土壤中 Cu 的变异系数大于 100%达到强变异程度外,草海不同土壤中重金属的变异系数都在 10%~100%,表现出中等程度的变异性。草海底泥和草海湖周边的沼泽草地、农用地都以 As 的变异系数最小,分布最为均匀;而林地则以 Cr 的空间分布最为均匀。草海不同土壤 7 种重金属中变异系数最大、分布最不均匀的元素各不相同,底泥和林地是 Hg,沼泽草地是 Zn,农用地则是 Cu。

总体上,草海湿地各类土壤中 Cd 和 Zn 含量的分布规律为:底泥(18.09mg/kg、431.31mg/kg)≫农用地(3.88mg/kg、221.40mg/kg)>沼泽草地(3.28mg/kg、

218.32mg/kg)＞林地(1.24mg/kg、156.20mg/kg)。Cr 含量的分布规律为：沼泽草地(59.26mg/kg)＞林地(55.80mg/kg)＞农用地(50.83mg/kg)＞底泥(37.88mg/kg)。Pb 和 Cu 含量的分布规律为：农用地(36.59mg/kg、25.36mg/kg)＞底泥(34.46mg/kg、18.56mg/kg)＞沼泽草地(26.24mg/kg、18.30mg/kg)＞林地(9.05mg/kg、13.46mg/kg)。Hg 含量的分布规律为：底泥(0.54mg/kg)＞沼泽草地(0.40mg/kg)＞农用地(0.38mg/kg)＞林地(0.17mg/kg)。As 含量的分布规律为：林地(21.78mg/kg)＞农用地(20.85mg/kg)＞沼泽草地(19.43mg/kg)＞底泥(17.20mg/kg)。

(2) 农耕地土壤重金属空间差异特征

草海地区耕地共 66 个表层土壤样品的 pH 为 5.32～7.78。从表 5-12 可以看出，草海地区耕地土壤的重金属含量变化差异较大，Cr 含量为 43.88～172.36mg/kg，平均值为 88.15mg/kg，最高值为最低值的 3.9 倍，出现在郑家营村。Zn 的含量范围在 13.73～81.66mg/kg，平均值为 35.52mg/kg，最高值是最低值的 5.9 倍，出现在民族村。As 的含量为 8.85～37.98mg/kg，平均值为 19.73mg/kg，最高值是最低值的 4.3 倍，出现在西海村。Cd 的含量在 0.32～2.65mg/kg，平均值为 0.95mg/kg，最高值是最低值的 8.3 倍，出现在民族村。Hg 的含量在 0.02～3.73mg/kg，平均值为 0.84mg/kg，最高值是最低值的 186.5 倍，出现在大马城村。Pb 的含量在 15.46～103.60mg/kg，平均值为 44.66mg/kg，最高值是最低值的 6.7 倍，出现在草海湖入口。

从各种元素平均含量的地区分布来看，Cr 的最高含量出现在东山村，Zn、Pb 的最高含量出现在民族村，As 的最高含量出现在西海村，Cd、Hg 的最高含量出现在西海村。总体来看，草海地区耕地土壤重金属 Hg 和 Cd 的含量偏高，基本都超出了国家土壤二级标准值。Cr、Zn 和 Pb 的含量较低，均在二级标准以内。As 的含量基本在标准值以内，只有西海村超出标准。草海地区周围各村中，民族村、草海湖入口、东山村、银龙村和西海村的重金属含量相对较高，白马村、郑家营村和出水口的重金属含量相对较低。

利用 DPS 软件对 6 种重金属元素进行相关分析(表 5-13)。As、Pb、Hg、Zn 间存在显著或极显著的正相关关系，表明这 4 种元素为复合污染或污染源相同。污染的土壤经常包含不止一种重金属，每个重金属元素都潜在地影响吸附行为。在大量离子的系统中存在竞争吸附，重金属如 Cd、Cu、Pb、Zn 在污染土壤中有协同作用，能整体提高污染浓度。其中 Zn 和 Pb 呈显著相关，相关系数达 0.70；As 和 Cd 呈显著相关，相关系数达 0.66；As 和 Hg 呈显著相关，相关系数达 0.63；Cd 和 Hg 呈极显著相关，相关系数为 0.83；As 和 Pb 呈负相关，相关系数为 -0.180。其余重金属元素之间的相关性不明显。

表 5-12 贵州草海地区耕地土壤重金属含量统计表 (mg/kg)

采样点	样点数	项目	Cr	Zn	As	Cd	Hg	Pb	pH
白马村	8	范围	46.86~99.72	21.87~32.58	12.12~21.80	0.48~1.38	0.16~1.24	15.46~34.33	5.45~7.35
		均值	79.43±23.86	26.23±4.34	17.56±3.56	0.72±0.65	0.58±0.5	25.04±7.68	6.76±0.56
东山村	11	范围	113.23~138.12	28.55~51.62	12.13~24.64	0.68~1.70	0.41~1.34	53.13~68.35	5.32~6.45
		均值	126.86±8.6	40.98±8.96	19.88±4.78	0.89±0.22	0.67±0.72	60.5±6.49	5.69±0.28
郑家营村	2	范围	74.85~172.36	20.67~33.02	8.85~13.99	0.46~1.09	0.02~0.76	19.33~36.76	5.43~6.52
		均值	121.46±37.63	24.96±4.33	11.45±1.61	0.74±0.29	0.38±0.31	29.35±5.84	5.58±0.43
民族村	5	范围	89.24~113.59	27.44~81.66	12.69~21.01	1.28~2.65	0.42~2.45	43.45~100.21	6.91~7.35
		均值	102.41±12.36	57.86±25.11	16.67±3.7	1.1±1.4	0.86±2.18	72.95±25.15	7.12±0.14
大马城村	9	范围	43.88~116.49	23.69~44.98	12.18~21.98	0.32~1.07	0.29~3.73	50.12~92.25	7.32~7.78
		均值	76.38±21.59	35.07±7.42	16.29±3.23	0.8±0.56	1.16±1.9	64.36±13.22	7.26±0.18
草海湖入口	11	范围	46.26~107.1	24.66~46.88	12.49~29.72	0.54~2.11	0.24~2.61	51.75~103.60	7.14~7.71
		均值	70.52±12.11	35.8±5.32	16.32±2.34	1.05±0.13	1.22±1.44	63.79±11.67	7.45±0.2
出水口	5	范围	62.01~67.10	26.72~32.71	25.76~34.38	0.55~1.86	0.28~0.98	25.55~50.18	6.12~6.66
		均值	64.69±2.55	29.24±3.1	29.63±4.38	0.79±0.15	0.75±0.45	34.63±12.86	6.6±0.12
银龙村	6	范围	45.43~76.46	18.87~69.77	13.12~24.67	0.46~2.19	0.39~1.74	16.22~34.56	6.56~7.19
		均值	61.78±13.3	40.05±18.12	18.23±4.45	0.92±0.86	0.48±0.54	26.98±7.56	6.62±0.41
张家湾村	3	范围	45.73~78.22	13.73~45.73	10.71~23.16	0.60~1.51	0.23~0.61	16.03~41.67	7.14~7.50
		均值	70.15±14.23	29.9±17.88	16.13±2.43	0.82±0.67	0.43±0.42	25.59±6.85	7.31±0.36
西海村	6	范围	103.43~122.48	33.33~38.35	32.52~37.98	1.06~2.31	1.21~3.24	28.21~40.05	6.98~7.58
		均值	107.78±7.96	35.06±3.01	35.16±2.26	1.68±0.26	1.84±1.76	33.45±4.9	7.68±0.05

表 5-13 重金属各元素间的相关系数

	Cr	Zn	As	Cd	Hg	Pb
Cr	1.000					
Zn	0.180	1.000				
As	−0.010	−0.020	1.000			
Cd	0.260	0.360	0.66*	1.000		
Hg	0.090	0.190	0.63*	0.83**	1.000	
Pb	0.220	0.70*	−0.180	0.130	0.350	1.000

**表示极显著相关(显著水平为 0.01),*表示显著相关(显著水平为 0.05)

5.3.2 草海湿地土壤中重金属污染程度评价

采用单因子指数法和内梅罗综合指数法对该区域土壤环境质量进行评价,评价依据国家土壤环境质量二级标准,评价方法见表 3-5。

表 5-14 所示的是草海地区 10 个村采样点耕地表层土壤中 6 种重金属元素的污染指数。由表 5-14 可以看出,通过内梅罗综合评价,研究区土壤污染综合评价值为 1.79~2.72,综合污染指数平均值为 2.16,处于中度污染,均已超出警戒线,都受到不同程度的污染。其中东山村、民族村、大马城村、草海湖入口、银龙村、张家湾村和西海村的污染指数分别为 2.25、2.72、2.02、2.62、2.25、2.01 和 2.13,都处于中度污染状态,其中以民族村的综合污染指数最高。白马村、郑家营村和出水口的污染指数值分别为 1.79、1.84 和 1.98,都处于轻度污染状态。研究区域 10 个采样点土壤重金属污染程度的顺序为:民族村＞草海湖入口＞银龙村=东山村＞西海村＞大马城村＞张家湾村＞出水口＞郑家营村＞白马村。

表 5-14 草海地区各采样点耕地土壤重金属污染指数

采样点	单因子污染指数						综合污染指数
	Cr	Zn	As	Cd	Hg	Pb	$P_综$
白马村	0.40	0.10	0.59	2.40	1.16	0.08	1.79
东山村	0.85	0.20	0.50	2.97	2.23	0.24	2.25
郑家营村	0.81	0.12	0.29	2.47	1.27	0.12	1.84
民族村	0.51	0.23	0.56	3.67	1.72	0.24	2.72
大马城村	0.38	0.14	0.54	2.67	2.32	0.21	2.02
草海湖入口	0.35	0.14	0.54	3.50	2.44	0.21	2.62
出水口	0.32	0.12	0.99	2.63	1.50	0.12	1.98
银龙村	0.31	0.16	0.61	3.07	0.96	0.09	2.25
张家湾村	0.35	0.12	0.54	2.73	0.86	0.09	2.01
西海村	0.43	0.12	1.41	2.80	1.84	0.10	2.13
平均值	0.47	0.15	0.66	2.89	1.63	0.15	2.16

从表 5-14 单因子污染指数来看，草海周边土壤都受到了不同程度的 Cd 和 Hg 的污染。以行政村为划分单元，Cd 的单因子污染指数以民族村最高，指数值为 3.67，其次是草海湖入口和银龙村，指数值分别为 3.50 和 3.07，这三个采样点的 Cd 均已达到重度污染状态；白马村、东山村、郑家营村、大马城村、出水口、张家湾村、西海村等 7 个采样点的 Cd 单因子污染指数在 2.40~2.97，均受到中度污染。Hg 的单因子污染指数以草海湖入口最高，指数值为 2.44，处于中度污染状态；其次分别是大马城村、东山村，指数值分别为 2.32 和 2.23，均处于中度污染状态；其余各采样点的污染指数值在 0.86~1.84，已达到轻度污染状态。东山村和郑家营村 Cr 污染指数值分别为 0.85 和 0.81，耕地 Cr 处于警戒级状态；其余各村 Cr 的综合污染指数均在 0.7 以下，耕地 Cr 处于安全级内。As 的污染指数最高值为 1.41，出现在西海村，处于轻度污染状态；出水口的 As 污染指数值为 0.99，耕地 As 处于警戒级状态；其余各采样点 As 的污染指数均在 0.7 以下，耕地 As 处于安全级内。Zn、Pb 的综合污染指数均在 0.7 以下，说明研究区域耕地土壤未受到这两种元素的污染。

在研究区耕地土壤中，Cd 的综合污染指数最大，指数值为 2.89，处于中度污染状态，污染比较严重；其次是 Hg，指数值为 1.63，处于轻度污染状态。其余各元素均在警戒水平以内，说明草海地区耕地土壤的重金属污染以 Cd 和 Hg 为主。产生此现象的原因可能有以下几种：①与草海地区的居民经常在耕地土壤中施用草海底泥有关，草海底泥中含有大量有机质和氮、磷、钾等营养元素，能够为耕地提供更多的养分，但同时草海底泥中 Cd、Hg 和 Zn 的含量极高，均已达到重污染水平，对土壤造成污染；②黔西北 Pb、Zn 矿带"水城—赫章"是贵州 Pb、Zn 的主要产地，长期以来，在该地区分布着成千上万的土法炼锌窑。对黔西北典型土法炼锌区的冶炼废渣和土壤中的 Pb、Cd 进行分析，研究表明，冶炼废渣中 90% 的样品的 Pb 含量超过《土壤环境质量标准》(GB 15618—1995)，所采集的全部样品的 Cd 含量超过二级标准，草海地区耕地土壤重金属污染很可能是由于长期进行不合理的土法炼锌。

5.3.3 土壤重金属潜在生态风险性

采用潜在生态危害指数法评价土壤中重金属污染的生态风险程度，选取的重金属毒性响应系数分别为 Pb=Cu=5、Cd=30、As=10、Hg=40。潜在生态风险等级评判标准见表 5-15，采用以下公式计算潜在生态危害指数。

$$C_f^i = C_s^i / C_n^i \tag{5-1}$$

$$E_r^i = T_r^i \times C_f^i \tag{5-2}$$

$$\text{RI} = \sum_{i=1}^{n} E_r^i = \sum_{i=1}^{n} T_r^i \times C_f^i = \sum_{i=1}^{n} T_r^i \times \frac{C_s^i}{C_n^i} \tag{5-3}$$

式中，RI 为多元素环境风险综合指数；E_r^i 为第 i 种重金属环境风险指数；C_f^i 为重金属 i 相对参比值的污染系数；C_s^i 为重金属 i 的实测浓度；C_n^i 为重金属 i 的评价参比值；T_r^i 为重金属 i 毒性响应系数，它主要反映重金属毒性水平和环境对重金属污染的敏感程度。

表 5-15 土壤重金属污染潜在生态风险等级评判标准

单因子潜在生态风险指数	危害程度	多因子综合生态风险指数	危害程度
$E_r^i<40$	轻度危害	RI＜150	轻度危害
$40 \leqslant E_r^i <80$	中度危害	$150 \leqslant$ RI＜300	中度危害
$80 \leqslant E_r^i <160$	强度危害	$300 \leqslant$ RI＜600	高度危害
$160 \leqslant E_r^i <320$	很强危害	RI$\geqslant$600	极高危害
$E_r^i \geqslant 320$	极强危害		

袁旭等分别对草海周边农田土壤中的 Cd、Hg、As、Cu、Pb 进行潜在生态风险评估，从区域差异上研究土壤重金属污染程度，东南区和西南区 Cd 综合污染指数均大于 3.0，为严重污染；东北区和西北区重金属综合污染指数为 2.0~3.0，为中度污染，重金属平均综合污染指数为 3.13，为严重污染。草海周边农田土壤中重金属单因子潜在生态风险指数从大到小为 Cd、Hg、As、Cu、Pb（袁旭等，2013），Cd 的潜在生态风险指数为 137.48，为强度危害；Hg 为 17.91，砷为 4.83，铜为 2.75，铅为 2.42，均为轻度危害。对草海周边农田在东、西、南、北 4 个区域土壤重金属的生态风险指数对比分析，结果得出，东南部以土壤 Cd 的单因子潜在生态风险指数为 4 个区域中最高，达 202.5，且 4 个区域中 Cd 均为强度危害，其他 4 种重金属的危害程度属于轻度危害。在西南部土壤 5 种重金属中，Cd 的单因子潜在生态风险指数最高，达 140.7，为强度危害，其他 4 种重金属均为轻度危害。西北部土壤 Cd 的单因子潜在生态风险指数为 121.2，为强度危害，其他 4 种重金属均为轻度危害。东北部土壤 Cd 的单因子潜在生态风险指数为 85.5，为 4 个区域最低，潜在生态危害程度为强度危害，其他重金属为轻度危害。

多种重金属综合生态危害指数 RI 为 165.38，属中度危害级别，4 个区域由高到低为东南部、西南部、西北部、东北部。以区域为评价单元，东南部土壤中重金属 RI 为 233.74，属中度危害，即东南部重金属污染程度整体较为严重，重金属污染来源具有同源性，污染类型为面源污染；西南部土壤重金属 RI 为 163.93，属中度危害，类型为面源污染；西北部 RI 为 159.62，属中度危害，类型为点源污染，重金属污染具有较大的空间变异，说明污染受人为活动、工业生产等的影响较大，该区域是 20 世纪 90 年代土法炼锌的场所，受废弃矿渣的影响较大；东北部 RI

为 104.53，属轻度危害。根据重金属毒性响应系数，重金属毒性越大，对生态危害的贡献越大，说明草海湿地土壤中 Cd 对生态危害的贡献较大，土壤重金属污染以 Cd 为主要污染。

研究各区域土壤重金属危害程度所占比例发现，受过去铅锌矿冶炼工业的影响，东南部区域具有强度危害等级的土壤占比达 70%，土壤重金属潜在生态风险危害程度以很强危害到强度危害级别居多；西南部区域重金属的各种危害程度都存在，仍以很强和强度危害级别居多，分别占 24%和 34%，而中度危害和轻度危害分别占 18%和 6%；西北部和东北部区域分布情况相似，从轻度危害到很强危害级别都存在。

5.3.4 重金属污染的生态效应特征

从重金属对生物体的危害及生态效应方面看，重金属污染的特点在于以下几个方面。

1)重金属对生物体产生毒性的浓度范围各有差异。有些较大，有些则很小，如锌、铜对生物体的毒性较小，产生毒性的浓度范围在几十到一百毫克每千克；而汞、镉等对生物体的毒性较大，产生毒性的浓度范围在零点零几毫克每千克以内。这是因为 Hg、Cd、Pb 等是生物生长发育中并不需要的元素，而且对人体健康危害比较明显，而 Cu、Zn、Mn、Fe 等是动植物正常生长发育所必需的营养元素，具有一定的生理功能，它们在农作物中的自然含量显著高于 Cd、Hg、Pb，只是在含量过高且超过一定限量时才会发生污染危害，出现中毒症状，但这种限量一般相当高。据研究，造成植株中毒的土壤有效性 Zn 含量一般超过 100mg/kg，折合土壤全锌含量可能要达 1.0g/kg，这在通常情况下很少达到。至于植物不需要的重金属元素，其在植物体内的浓度明显地受土壤中这些元素含量高低的影响，如果土壤中这些元素含量超过一定限量，就会使它们在植物体内的含量很快地达到有污染危害的程度。因此，Hg、Cd、Pb 比 Cu、Zn 等的污染危害严重得多。

2)不同类型的重金属对作物产生的危害情况有所不同。例如，Cu、Zn 主要是妨碍植物的正常生长发育，而 Hg、Cd 等一般在作物生长发育尚未受到阻碍时在植物体内的积累量就可能达到有害浓度(超过食品卫生标准)。也就是说，土壤中 Hg、Cd 累积直接危害作物正常生长发育的现象比较罕见，而它们在土壤和作物中的残留问题比较突出，这些元素可以通过食物链在人体或其他动物体内累积并引起慢性中毒。

3)微生物不仅不能降解重金属，相反，某些重金属可在土壤微生物作用下转化为金属有机化合物(如甲基汞等)，产生更大的毒性。

4)同种重金属由于在土壤中存在的形态不同，其迁移转化特点和污染性质、危害程度也不相同。例如，水溶态和交换态的重金属显然要比难溶态的重金属活性、毒性大得多。因此，在研究土壤重金属污染危害时，不仅要注意它们的总含量，还必须重视了解各种形态的含量。

5) 植物从土壤中摄取的重金属可经过食物链进入人体，并在人体内成千百倍地富集起来。重金属进入人体后，可与蛋白质等发生强烈的相互作用，积蓄在人体的某些器官中，影响人体正常生活，使人体出现某些病症。但是，重金属对人体的危害初期不易被人们察觉，潜伏期较长，有些重金属对人体的累积性中毒往往需要一二十年才能显现出来。

6) 重金属对土壤微生物也有一定毒性，而且对土壤酶活性有抑制作用。有关资料表明，不同重金属对土壤生态系统中的氮转化、NO_3^-淋失的抑制作用次序为：$Hg^{2+} \gg Cd^{2+} \gg Ni^{2+} \gg Zn^{2+} > Pb^{2+} > Cu^{2+}$。实验研究还发现，重金属对土壤酶活性的抑制作用是一种暂时现象。由于脲酶活性恢复得较少较慢，故可应用脲酶活性作为土壤重金属污染程度的主要生化指标。从土壤环境污染生态学的角度来考虑，可以选择 NO 含量变化作为反映重金属对土壤生态毒性的早期诊断依据。在利用固氮菌为指标确定土壤重金属毒性研究中，采用固氮菌开始达到抗性时的重金属或砷浓度表示毒性临界浓度，达到定量测定，且结果稳定。因此，固氮酶的活性也可作为土壤重金属污染程度的生化指标。

5.4 草海湿地土壤农药残留特征

化学农药是农业生产中与病、虫、杂草等有害症状作斗争的有力武器，在农业生产挽回损失中，农药的作用达 70%～80%，而其他防治方法共占 20%～30%，特别是当病虫害成为限制产量的主要因素时，采用化学农药防治，可以防治大的灾害的发生或迅速提高收获量。而对于那些高肥、高产品种的农作物，往往更容易感染病虫害，也借助化学防护，实现高产丰收。然而在农药使用过程中，对环境造成的影响也日渐凸显，农药微粒和蒸汽散发在空中，随风发生飘移，扩大污染范围，农药施用时有一半药剂洒落在土壤中，而且在土壤中残留时间很长，特别是有些农药在土壤中分解产物为苯胺及其衍生物，或者产生亚硝基化合物，大多为致癌性物质，有的可能进一步衍生为致癌性物质，还有些农药本身或其中含有的杂质具有致癌、致畸、致突变的作用。

农药在环境中的残留情况主要由农药的使用量、使用频率及降解半衰期决定。当涉及农药残留问题时，应考虑施药次数和环境因素，尤其是温度。

如果农药的半衰期不到一年，则不必考虑土壤残留问题，但对于大多数的有机氯农药和其他半挥发性的有机农药来说，其在土壤中的半衰期都远远大于一年，而且它们的正辛醇-水分配系数也较大，所以不但具有较强的残留性，而且极易在生物体内富集而造成严重的环境问题。

土壤是接受农药污染的主要场所，农药在土壤中的长期残留累积导致土壤环境发生改变和农作物品种出现农药残留。20世纪60年代广泛使用含汞、砷的农药，至今在我国部分地区土壤中仍存在残留污染。有机氯农药1983年被禁用后，其替代品种为有机磷、氨基甲酸酯及菊酯类农药等，这些农药在环境中易于降解，从全国施用的情况看，其尚未造成大面积土壤污染，但在大部分地区由于施用技术不当和施用量过大，也出现了严重的土壤污染现象。

5.4.1 草海湿地土壤中有机氯农药残留状况

(1) 不同土地利用类型土壤中有机氯农药残留

草海湿地土壤中 OCP 含量为 0.05～45.97μg/kg，平均值为 11.24μg/kg。从农药类别看（表 5-16），HCH 总量为 0.05～18.96μg/kg，平均值为 3.62μg/kg；DDTs 总量为 0.11～27.15μg/kg，平均值为 7.62μg/kg。

表 5-16　草海土壤中 OCP 含量统计特征（μg/kg）

	底泥		沼泽草地		农用地		林地	
	HCH	DDTs	HCH	DDTs	HCH	DDTs	HCH	DDTs
最小值	0.10	1.33	0.62	1.97	0.67	1.01	0.05	0.11
最大值	12.52	19.99	10.64	15.83	18.96	27.15	5.38	7.26
平均值	3.36	8.56	3.16	8.58	5.13	10.32	2.84	3.00
中值	2.7	8.19	4.11	8.05	6.23	9.58	2.63	2.17
标准偏差	2.79	4.35	2.15	2.98	4.41	6.82	2.94	2.01

由表 5-16 可知，草海各类土壤中 HCH 和 DDTs 含量的中值、平均值有的比较接近，说明受特异值影响较小。草海底泥、沼泽草地、农用地及林地土壤中 HCH 含量的最大值分别是最小值（除去未检出）的 125.20 倍、17.16 倍、28.30 倍、107.60 倍；DDTs 含量的最大值分别是最小值的 15.03 倍、8.04 倍、26.88 倍、66.00 倍，可见各类土壤中 HCH 和 DDTs 含量的变幅都较大。以变异系数的大小定量反映各类土壤中 HCH 和 DDTs 含量的波动程度，分析可知，草海各类土壤中 HCH 和 DDTs 含量都存在中等程度变异。其中 HCH 和 DDTs 都以林地土壤中含量的变异程度最为显著，分布最不均匀，富集程度在不同地点存在较显著差异；以沼泽草地土壤中含量的空间变异程度最小，离散性最小，分布最均匀。

草海湿地各类土壤中 OCP 含量的分布规律为：农用地(15.45μg/kg)＞底泥(11.92μg/kg)＞沼泽草地(11.74μg/kg)＞林地(5.84μg/kg)。其中，HCH 含量的分布规律为农用地(5.13μg/kg)＞底泥(3.36μg/kg)＞沼泽草地(3.16μg/kg)＞林地(2.84μg/kg)；DDTs 含量的分布规律为农用地(10.32μg/kg)＞沼泽草地(8.58μg/kg)＞底泥(8.56μg/kg)＞林地(3.00μg/kg)。

(2) 耕作土壤中有机氯农药残留特征

经检测，六六六和滴滴涕等有机氯农药在采集的土壤样品中有不同程度的检出，统计结果见表 5-17。

表 5-17 草海湖区耕作土壤中有机氯农药残留

检测指标	最小值/(μg/kg)	最大值/(μg/kg)	平均值/(μg/kg)	检出率/%
DDT	nd	2.31	0.25	76
DDD	nd	20.12	1.92	60
DDE	0.02	23.78	2.22	92
DDTs	0.08	39.77	3.52	100
α-HCH	nd	2.11	0.39	80
β-HCH	nd	10.35	0.77	83
γ-HCH	nd	1.04	0.23	81
δ-HCH	nd	3.49	0.22	85
HCH	0.06	16.66	1.74	100
OCP	0.27	42.63	2.94	100

注：nd 表示未检出

表 5-17 中的统计数据表明，本研究采集的所有土壤样品中均检出有机氯农药，检出率高达 100%，说明有机氯农药残留在草海湖区耕作土壤中普遍存在。土壤中的有机氯农药残留以六六六(含 α-HCH、β-HCH、γ-HCH、δ-HCH 四种异构体)和滴滴涕(含 DDE、DDD、DDT 三种同系物)为主。土壤中 OCP 残留总量为 0.27~42.63μg/kg，平均值为 2.94μg/kg。在 DDTs 异构体中以 DDE 为主。DDTs 是草海湖区耕作土壤中 OCP 污染的主要物质。

5.4.2 草海湿地土壤中 HCH 残留

HCH 各异构体在供试土壤样品中均有不同程度的检出。HCH 残留水平介于 0.06~16.66μg/kg，平均含量为 1.74μg/kg。其中 41.62%的土壤 HCH 小于 1.00μg/kg，26.51%的土壤 HCH 介于 1~2μg/kg，25.82%的土壤 HCH 介于 2~5μg/kg，6.05%的土壤 HCH 大于 5μg/kg，残留水平显著低于国内其他地区。这可能是由于草海地区气候环境潮湿，土壤中微生物十分活跃，土壤 HCH 迁移、转化速度加快。

HCH 各异构体在土壤中的检出率分别为 α-HCH 80%、β-HCH 83%、γ-HCH 81%、δ-HCH 85%。β-HCH 为 HCH 的主要残留物，78.62%的样品中以 β-HCH 为主，β-HCH 占 HCH 各异构体总量的 45.15%，α-HCH、γ-HCH、δ-HCH 分别占总 HCH 残留量的 21.16%、14.24%、20.45%。所有测定土壤中 β-HCH＞α-HCH＞δ-HCH＞γ-HCH，这与天津地区的研究结果基本一致(龚香宜和王焰新，2003)，天津地区土壤中的 β-HCH 也是主要污染物，且占所有 HCH 异构体残留总量的 50%

以上。这可能是因为 β-HCH 水溶性和挥发性较低，稳定性较高，难以被生物降解，为 4 种异构体中最稳定的一种。

5.4.3　草海湿地土壤中 DDTs 残留

DDTs 在所有样品中均有检出，含量为 0.08～39.77μg/kg，平均含量 3.52μg/kg。其中 45.36%的土壤 DDTs 小于 1.00μg/kg，18.94%的土壤 DDTs 介于 1～2μg/kg，23.75%的土壤 DDTs 介于 2～5μg/kg，11.95%的土壤 DDTs 大于 5μg/kg。与国内其他地区相比，其残留水平较低。

DDTs 各异构体在土壤中的检出率分别为 DDT 76%、DDE 92%、DDD 60%。因为 DDE 比 DDT 和 DDD 更难以降解，所以造成 DDE 在土壤中的高残留和高检出率。p,p'-DDE、p,p'-DDD 为 DDTs 在土壤中的两种主要存在形式，占 DDTs 总含量的 88.61%，DDE、DDD 分别占 DDTs 总含量的 46.38%、42.23%。由上可见，土壤中的 DDTs 残留主要来源于过去的 DDT 输入，经过土壤中微生物多年的降解作用，大部分已经转化为 DDE 或 DDD。从 DDT 在土壤中 76%的检出率及 DDT 占 DDTs 总含量的 7.45%看出，近年来仍有少量的 DDT 新污染源输入，可能是少量农户仍在使用 DDT。在厌氧条件下土壤中的微生物可将 DDT 降解为 DDD，而在好氧条件下则将 DDT 转化为 DDE，46.12%的样品 DDTs 则以 p,p'-DDE 为主，说明土壤中的 DDT 可能以好氧降解为主。

经长期风化的受污染土壤(DDE+DDD)/DDTs 一般大于 1。本研究(DDE+DDD)/DDTs 在 0.15～157.72，45.49%的土壤(DDE+DDD)/DDTs＞1，36.74%的土壤(DDE+DDD)/DDTs 缺失(说明土壤中未检出 DDT，输入土壤的 DDT 已完全降解)，表明 82.23%的土壤中 DDTs 主要是过去输入环境的 DDT 造成的残留物。17.77%的土壤(DDE+DDD)/DDTs＜1，表明近年来仍有少量的 DDT 输入。土壤中 DDTs 各异构体的浓度为 DDE＞DDD＞DDT。

5.4.4　作物种植与土壤中 DDTs、HCH 残留特征

将所测定的土壤分为菜地、玉米地、马铃薯地 3 种类型，不同土壤中 DDTs、HCH 含量结果见表 5-18。HCH 的检出率为玉米地＞马铃薯地＞菜地，DDTs 在 3 种土壤中的检出率都达到100%。DDTs 含量顺序为菜地＞玉米地＞马铃薯地，HCH 含量顺序为玉米地＞马铃薯地＞菜地。HCH、DDTs 之和在 3 种土壤中的含量表现为菜地＞玉米地＞马铃薯地。

由于各地块所种植的作物类型不同，作物所发生的病虫害也不同，施用的农药品种及用量各不同，因而造成农药在不同土壤利用方式下的残留状况有差异。而且不同土壤利用方式下，土壤翻耕程度、土壤透气性及微生物活动强弱不同，因而降解速度也不同。

表 5-18 耕作与土壤中 DDTs、HCH 的残留情况

土壤利用方式	样品数/个	HCH/(μg/kg) 最大值	最小值	平均值	DDTs/(μg/kg) 最大值	最小值	平均值	HCH+DDTs/(μg/kg) 最大值	最小值	平均值
菜地	25	16.66	0.08	1.32	39.77	0.11	3.66	42.63	0.33	6.54
玉米地	15	7.84	0.06	1.83	8.35	0.21	1.57	14.37	0.37	3.74
马铃薯地	15	3.46	0.12	1.48	4.73	0.08	1.22	8.94	0.42	2.83

第6章 草海湿地农作物安全评价

草海地区土壤及农作物中重金属污染来源调查研究：在整理和分析已有的土壤及农作物中重金属来源的基础上，结合草海流域产地的实际情况，对草海地区土壤及农作物中重金属污染来源开展调查，包括对农业生产过程中的农田污染、农村生产生活污染、地面径流污染、大气沉降污染等常见污染源的调查。

草海地区农田土壤及主要农作物中重金属污染特征研究：通过典型布点采样检测的手段，采集不同方位农田土壤及主要农作物(玉米、马铃薯和蔬菜)样品，通过对其重金属指标的检测，确定农作物中重金属污染的主要污染元素，并对土壤重金属污染与农作物重金属污染的相关关系进行分析，探究草海地区土壤及农作物中重金属污染特征，为草海地区主要农作物质量安全评价提供依据。

草海地区重金属在主要农作物中的富集特征研究：采集土壤及不同作物、不同部位的样品，通过实地采样测试的手段，测定土壤、作物样中重金属的含量，进而分析土壤-农作物系统中重金属的含量特征，来反映在自然状况下草海地区重金属在农作物中富集的真实情况、富集能力，以及污染物重金属在土壤-农作物系统中的迁移分配规律。

草海地区土壤及主要农作物质量安全评价：以《粮食(含谷物、豆类、薯类)及制品中铅、铬、镉、汞、硒、砷、铜、锌等八种元素限量》(NY 861—2004)、《无公害食品玉米》(NY 5302—2005)为判定依据，用内梅罗指数法对土壤及主要农作物(玉米、马铃薯、蔬菜)的质量进行系统评价。

6.1 技术方法

草海环湖区耕地采集农作物样品80个，分别分布于周边白马村、东山村、郑家营村、民族村、大马城村、草海湖入口、出水口、银龙村、张家湾村、西海村等，详见表6-1。

表6-1 草海农作物样品采集情况

采样点	白马村	东山村	郑家营村	民族村	大马城村	草海湖入口	出水口	银龙村	张家湾村	西海村	合计
农作物	9	15	1	11	12	13	3	5	4	7	80

6.1.1 农作物中重金属含量评价标准

本研究对农作物中重金属污染状况的评价采用中华人民共和国蔬菜食品卫生标准中的限量值(表6-2)。

表6-2 中华人民共和国蔬菜食品卫生标准(mg/kg)

有害元素	允许指标	依据标准
Hg	≤0.01	GB 2762—2005
Cd	≤0.05	GB 2762—2005
Pb	≤0.2	GB 2762—2005
As	≤0.05	GB 2762—2005
Cu	≤10	GB 15199—1994
Zn	≤20	GB/T 5009.14—1996
Cr	≤0.5	GB 2762—2005

6.1.2 农作物中重金属污染评价方法

农作物中重金属污染状况的评价指标主要有超标率、富集系数、污染指数，其中超标率计算公式为

$$C_i(\%) = (n_i/N_i) \times 100\% \tag{6-1}$$

式中，C_i 为某类污染物在某种蔬菜中的超标率；n_i 为某种蔬菜的某类污染物超标样品数；N_i 为某种蔬菜采集的样品数。

富集系数计算公式为

$$富集系数 = 蔬菜有害元素含量/土壤中有害元素含量 \times 100\% \tag{6-2}$$

污染指数计算公式为

$$I_i = P/S \tag{6-3}$$

$$\bar{I} = \frac{1}{n}\sum_{i=1}^{n} I_i \tag{6-4}$$

$$I_{综} = \sqrt{\frac{\left(\frac{1}{n}\sum_{i=1}^{n} I_i\right)^2 + I_{i(\max)}^2}{2}} \tag{6-5}$$

式中，I_i 为污染物污染指数；P 为测定值；S 为蔬菜限量标准值；$\bar{I}$ 为污染物在某种农作物中的平均污染指数；$I_{综}$ 为各种农作物的综合污染指数；n 为某种农作物的样品数；$I_{i(\max)}$ 为污染物中污染指数最大值。

6.2 草海地区不同品种农作物中重金属含量特征及安全评价

6.2.1 草海地区不同品种农作物中重金属含量特征

由表 6-3 可知，草海地区 94 个农作物样品中各重金属元素含量变化差异较大，Cr 的含量为 0.047～0.845mg/kg，平均值为 0.241mg/kg，最高值为最低值的 18.0 倍，出现在萝卜叶中。Zn 的含量为 0.204～1.887mg/kg，平均值为 0.931mg/kg，最高值是最低值的 9.3 倍，出现在萝卜叶中。As 的含量为 0.001～0.086mg/kg，平均值为 0.035mg/kg，最高值是最低值的 86 倍，出现在菠菜中。Cd 的含量为 0.026～0.105mg/kg，平均值为 0.050mg/kg，最高值是最低值的 4.0 倍，出现在菠菜中。Hg 的含量为 0.003～0.033mg/kg，平均值为 0.014mg/kg，最高值是最低值的 11 倍，出现在蒜苗中。Pb 的含量为 0.106～0.396mg/kg，平均值为 0.288mg/kg，最高值是最低值的 3.7 倍，出现在菠菜中。

从各种元素平均含量的品种分布来看，Cr 的最高含量出现在萝卜叶中，Zn 的最高含量出现在萝卜叶中，As、Cd、Pb 的最高含量出现在菠菜中，Hg 的最高含量出现在萝卜叶中。总体来看，草海地区农作物中重金属 Cd、Hg 和 Pb 的含量偏高，大部分超出了中华人民共和国蔬菜食品卫生标准。Cr、Zn 和 As 的含量较低，基本符合中华人民共和国蔬菜食品卫生标准。Cr 和 As 的含量基本在标准值以内，Cr 只有萝卜叶超出标准，As 只有菠菜超出标准。草海地区各农作物中，菠菜和萝卜叶中的重金属含量相对较高。

6.2.2 草海地区不同品种农作物中重金属超标率、富集系数

作物对重金属的吸收是有选择性的，由于植物生长特性及遗传特性不同，不同的作物对土壤重金属的吸收、富集具有显著的差异性，农作物种类不同，其吸收各种元素的量与土壤中存在的量是不一致的，因此可以用农作物对土壤重金属的超标率、富集系数来反映各种农作物吸收土壤重金属的状况，富集系数越大，表明植物越容易从土壤中吸收该元素，即该元素的迁移能力越强。下面主要以超标率、富集系数对不同农作物品种中重金属污染状况进行评价，结果见表 6-4 和图 6-1。

表 6-3　草海地区不同品种农作物中重金属含量统计表 (mg/kg)

样品	样点数	项目	Cr	Zn	As	Cd	Hg	Pb
青菜	17	范围	0.127~0.640	0.233~1.885	0.024~0.049	0.035~0.077	0.003~0.022	0.106~0.328
		平均值	0.365±0.13	1.270±0.57	0.035±0.018	0.056±0.014	0.012±0.002	0.205±0.016
白菜	13	范围	0.113~0.457	0.396~1.710	0.017~0.076	0.043~0.092	0.004~0.017	0.186~0.344
		平均值	0.218±0.18	1.081±0.68	0.043±0.016	0.061±0.017	0.011±0.003	0.227±0.17
菜苔	5	范围	0.123~0.579	0.386~1.149	0.009~0.037	0.026~0.048	0.006~0.022	0.213~0.302
		平均值	0.266±0.32	0.727±0.88	0.017±0.011	0.041±0.013	0.016±0.0003	0.289±0.21
菠菜	4	范围	0.155~0.730	0.471~1.795	0.042~0.086	0.048~0.105	0.009~0.026	0.244~0.396
		平均值	0.477±0.17	1.235±0.32	0.059±0.02	0.068±0.016	0.016±0.002	0.306±0.14
豌豆尖	3	范围	0.101~0.304	0.462~1.698	0.035~0.042	0.042~0.067	0.007~0.016	0.178~0.198
		平均值	0.188±0.33	1.072±0.39	0.038±0.011	0.054±0.011	0.012±0.01	0.185±0.08
葱	5	范围	0.09~0.233	0.543~1.556	0.001~0.048	0.033~0.058	0.005~0.023	0.183~0.254
		平均值	0.102±0.11	0.976±0.26	0.024±0.016	0.044±0.009	0.012±0.03	0.222±0.09
蒜苗	7	范围	0.237~0.422	0.469~1.283	0.024~0.057	0.031~0.067	0.006~0.033	0.168~0.305
		平均值	0.276±21.59	0.707±0.28	0.034±0.02	0.042±0.014	0.016±0.04	0.263±0.12
萝卜根	13	范围	0.081~0.187	0.267~1.028	0.012~0.045	0.034~0.056	0.003~0.015	0.112~0.264
		平均值	0.124±0.14	0.554±0.24	0.026±0.013	0.041±0.011	0.009±0.002	0.168±0.14
萝卜叶	13	范围	0.165~0.845	0.652~1.887	0.026~0.067	0.057~0.088	0.006~0.031	0.161~0.376
		平均值	0.508±0.32	1.276±0.37	0.042±0.022	0.063±0.009	0.018±0.003	0.228±0.09
马铃薯	7	范围	0.047~0.133	0.204~1.245	0.016~0.049	0.028~0.054	0.004~0.017	0.165~0.274
		平均值	0.086±0.07	0.671±0.29	0.025±0.014	0.036±0.008	0.013±0.002	0.189±0.04
玉米	7	范围	0.080~0.499	0.285~1.377	0.033~0.047	0.029~0.062	0.006~0.022	0.179~0.265
		平均值	0.045±0.03	0.672±0.33	0.041±0.016	0.046±0.012	0.015±0.003	0.227±0.07

表 6-4　不同品种农作物中重金属含量超标率、富集系数评价结果

样品	样点数	项目	Cr	Zn	As	Cd	Hg	Pb
青菜	17	平均值	0.365	1.270	0.035	0.056	0.012	0.205
		超标率	17.65	0.00	0.00	29.41	17.65	11.76
		富集系数	0.38	3.26	0.18	6.44	1.85	0.56
白菜	13	平均值	0.218	1.081	0.043	0.061	0.011	0.227
		超标率	0.00	0.00	23.08	30.77	15.38	23.08
		富集系数	0.28	3.16	0.03	6.29	1.55	0.53
菜苔	5	平均值	0.266	0.727	0.017	0.041	0.016	0.289
		超标率	20.00	0.00	0.00	20.00	0.00	20.00
		富集系数	0.31	2.25	0.10	5.77	1.95	0.64
菠菜	4	平均值	0.477	1.235	0.059	0.068	0.016	0.306
		超标率	25.00	0.00	0.00	25.00	50.00	25.00
		富集系数	0.51	3.22	0.27	7.47	2.32	0.67
豌豆尖	3	平均值	0.188	1.072	0.038	0.054	0.021	0.185
		超标率	0.00	0.00	0.00	33.33	66.66	0.00
		富集系数	0.27	3.00	0.13	6.14	2.31	0.59
葱	5	平均值	0.102	0.976	0.024	0.044	0.012	0.222
		超标率	0.00	0.00	0.00	20.00	40.00	20.00
		富集系数	0.15	3.47	0.07	5.00	1.97	0.58
蒜苗	7	平均值	0.276	0.707	0.034	0.042	0.016	0.263
		超标率	0.00	0.00	14.29	28.57	28.57	28.57
		富集系数	0.30	2.55	0.16	5.53	2.00	0.57
萝卜根	13	平均值	0.124	0.554	0.026	0.041	0.009	0.168
		超标率	0.00	0.00	0.00	7.69	15.38	30.77
		富集系数	0.14	1.75	0.14	4.77	0.93	0.39
萝卜叶	13	平均值	0.508	1.276	0.042	0.063	0.018	0.228
		超标率	7.69	0.00	23.08	15.38	23.08	30.77
		富集系数	0.59	4.04	0.22	7.08	1.86	0.53
马铃薯	7	平均值	0.086	0.671	0.025	0.036	0.013	0.189
		超标率	0.00	0.00	0.00	14.29	28.57	42.86
		富集系数	0.11	2.33	0.09	4.24	1.13	0.44
玉米	7	平均值	0.045	0.672	0.041	0.046	0.015	0.227
		超标率	0.00	0.00	0.00	28.57	42.86	28.57
		富集系数	0.06	2.12	0.20	4.42	1.14	0.46

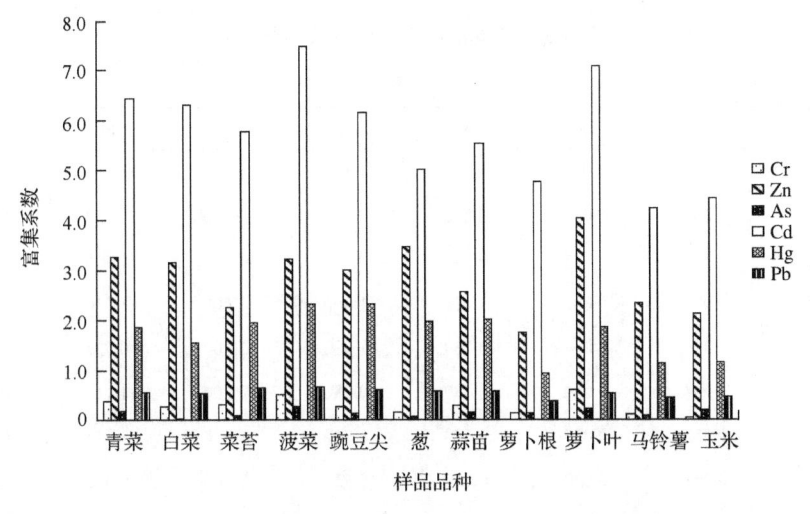

图 6-1 草海地区不同品种农作物中重金属富集系数

从表 6-4 可看出，不同品种农作物对各种元素的吸收状况（农作物重金属的平均含量）具有相对一致性，对 Cd、Pb、Zn 的吸收量比较多，从表 6-4 的统计结果可看出，除 Zn 没有超标外，Cr、As、Cd、Pb、Hg 均出现不同程度的超标现象。

表 6-4 和图 6-1 显示，各种农作物中均以对 Cd 的富集系数最大，这说明 Cd 的迁移能力是比较强的，其次是 Zn、Hg。各农作物对 Cd 的富集系数为 4.24~7.47，平均值为 5.74，对 Cd 的富集系数大小顺序为：菠菜＞萝卜叶＞青菜＞白菜＞豌豆尖＞菜苔＞蒜苗＞葱＞萝卜根＞玉米＞马铃薯；各农作物对 Zn 的富集系数为 1.75~4.04，平均值为 2.83，对 Zn 的富集系数大小顺序为：萝卜叶＞葱＞青菜＞菠菜＞白菜＞豌豆尖＞蒜苗＞马铃薯＞菜苔＞玉米＞萝卜根；各农作物对 Hg 的富集系数为 0.93~2.32，平均值为 1.73，对 Hg 的富集系数大小顺序为：菠菜＞豌豆尖＞蒜苗＞葱＞菜苔＞萝卜叶＞青菜＞白菜＞玉米＞马铃薯＞萝卜根；各农作物对 Pb 的富集系数为 0.39~0.67，平均值为 0.54，对 Pb 的富集系数大小顺序为：菠菜＞菜苔＞豌豆尖＞葱＞蒜苗＞青菜＞白菜=萝卜叶＞玉米＞马铃薯＞萝卜根；各农作物对 Cr 的富集系数为 0.06~0.59，平均值为 0.28，对 Cr 的富集系数大小顺序为：萝卜叶＞菠菜＞青菜＞菜苔＞蒜苗＞白菜＞豌豆尖＞葱＞萝卜根＞马铃薯＞玉米；各农作物对 As 的富集系数为 0.03~0.27，平均值为 0.14，对 As 的富集系数大小顺序为：菠菜＞萝卜叶＞玉米＞青菜＞蒜苗＞萝卜根＞豌豆尖＞菜苔＞马铃薯＞葱＞白菜。

6.2.3 草海地区不同品种农作物中重金属安全评价

以中华人民共和国蔬菜食品卫生标准为标准对不同品种农作物进行评价，评价结果列于表 6-5 和图 6-2、图 6-3。

表 6-5 草海地区不同品种农作物中重金属污染评价指数

农作物品种	平均污染指数						综合污染指数
	Cr	Zn	As	Cd	Hg	Pb	
青菜	0.730	0.064	0.700	1.120	1.200	1.025	0.806
白菜	0.436	0.054	0.860	1.220	1.100	1.135	0.801
菜苔	0.532	0.036	0.340	0.820	1.600	1.445	0.796
菠菜	0.976	0.062	1.180	1.360	1.600	1.530	1.118
豌豆尖	0.376	0.054	0.760	1.080	2.100	0.925	0.883
葱	0.204	0.049	0.480	0.880	1.200	1.110	0.654
蒜苗	0.552	0.035	0.680	0.840	1.600	1.315	0.837
萝卜根	0.248	0.028	0.520	0.820	0.900	0.840	0.559
萝卜叶	1.016	0.064	0.840	1.260	1.800	1.140	1.020
马铃薯	0.172	0.034	0.500	0.720	1.300	0.945	0.612
玉米	0.090	0.034	0.820	0.920	1.500	1.135	0.750
平均值	0.485	0.047	0.698	1.004	1.445	1.140	0.803

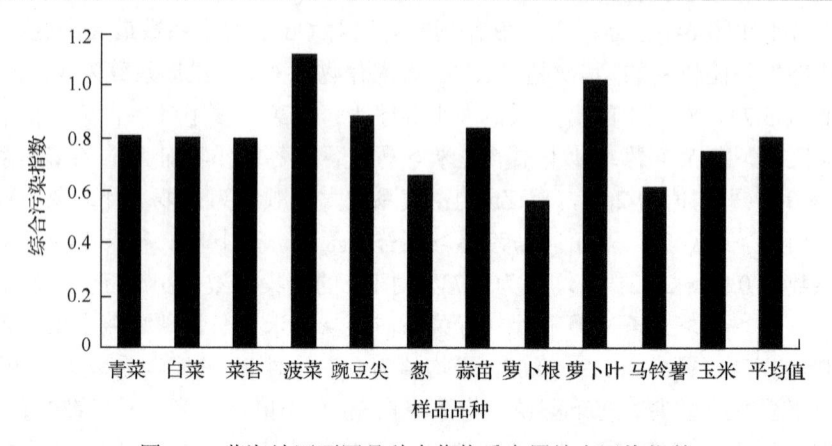

图 6-2 草海地区不同品种农作物重金属综合污染指数

由表 6-5 及图 6-2 可以看出，研究区不同品种农作物综合污染评价值为 0.559～1.118，农作物重金属综合污染程度顺序为：菠菜＞萝卜叶＞豌豆尖＞蒜苗＞青菜＞白菜＞菜苔＞玉米＞葱＞马铃薯＞萝卜根。其中菠菜、萝卜叶的污染指数分别为 1.118 和 1.020，综合污染指数已经超过 1，处于受污染状态，其他农作物品种暂未超出国家蔬菜食品卫生标准。

从表 6-5 及图 6-3 可以看出，各种农作物主要受到 Cd、Hg 和 Pb 的污染。其中 Cd 的单因子污染指数以菠菜最高，指数值为 1.360，其次是萝卜叶和白菜，指

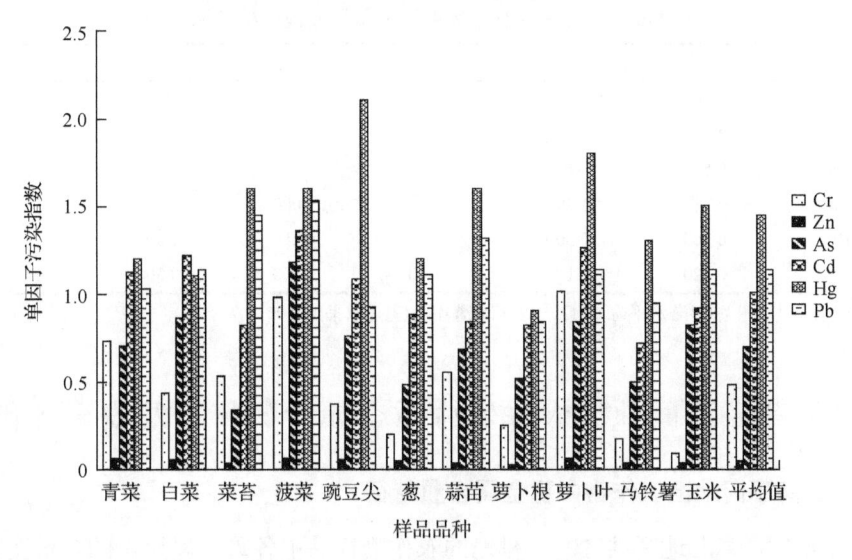

图 6-3 草海地区不同品种农作物重金属单因子污染指数

数值为 1.260 和 1.220，其中还有青菜、豌豆尖污染指数超过 1，说明超出蔬菜卫生标准；Hg 的单因子污染指数以豌豆尖最高，指数值为 2.100，超标比较严重，其次是萝卜叶，指数值为 1.800，其中只有萝卜根未超过 1；Pb 的单因子污染指数以菠菜最高，污染指数值为 1.530，其次是菜苔，污染指数值是 1.445，其中还有青菜、白菜、葱、蒜苗、萝卜叶、玉米的污染指数超过 1；Cr 只有萝卜叶污染指数超过 1，其余农作物 Cr 的单因子污染指数均未超出安全标准，处于安全级内；As 的污染指数最高值为 1.180，出现在菠菜中，其余农作物污染指数均未超过 1；Zn 的单因子污染指数均在 1 以下，说明研究区域农作物未受到这种元素的污染。

在研究区各种农作物中，Hg 的平均污染指数最大，指数值为 1.445，污染比较严重；其次是 Cd 和 Pb，指数值分别为 1.004 和 1.140。其余元素平均污染指数均在 1 之内，说明草海地区不同农作物中重金属污染以 Hg、Cd 和 Pb 为主。

6.2.4 草海地区不同品种农作物中重金属元素的相关性分析

不同品种农作物中重金属元素间的相关系数见表 6-6，由表 6-6 可知，Cr、Zn、Cd、As 间存在显著或极显著的正相关关系，表明这 4 种元素为复合污染或污染源相同，其中 Cr 和 Zn 呈极显著相关，相关系数达 0.73；Cr 和 Cd 呈极显著相关，相关系数达 0.74；Zn 和 As 呈显著相关，相关系数达 0.60；Zn 和 Cd 呈极显著相关，相关系数为 0.88；As 和 Cd 呈极显著相关，相关系数为 0.85。其余重金属元素之间的相关性不明显。

表 6-6　不同品种农作物中重金属元素间的相关系数

	Cr	Zn	As	Cd	Hg	Pb
Cr	1.000					
Zn	0.73**	1.000				
As	0.540	0.60*	1.000			
Cd	0.74**	0.88**	0.85**	1.000		
Hg	0.360	0.300	0.290	0.280	1.000	
Pb	0.520	0.190	0.320	0.300	0.300	1.000

**表示极显著相关(显著水平为0.01)，*表示显著相关(显著水平为0.05)

6.3　草海不同地区农作物中重金属含量特征及安全评价

6.3.1　草海不同地区农作物中重金属含量特征

表 6-7 是草海地区共 10 个村地的农作物样品中各重金属元素的含量变化差异，由表 6-7 可知，Cr 的含量为 0.047～0.845mg/kg，平均值为 0.241mg/kg，最高值为最低值的 18.0 倍，出现在民族村。Zn 的含量为 0.354～1.887mg/kg，平均值为 0.931mg/kg，最高值是最低值的 9.3 倍，出现在民族村。As 的含量为 0.001～0.086mg/kg，平均值为 0.035mg/kg，最高值是最低值的 86 倍，出现在民族村。Cd 的含量为 0.024～0.105mg/kg，平均值为 0.050mg/kg，最高值是最低值的 4.4 倍，出现在大马城村。Hg 的含量为 0.003～0.034mg/kg，平均值为 0.014mg/kg，最高值是最低值的 11 倍，出现在东山村。Pb 的含量为 0.106～0.405mg/kg，平均值为 0.288mg/kg，最高值是最低值的 3.8 倍，出现在东山村。

表 6-7　草海不同地区农作物重金属含量统计表(mg/kg)

采样点	样品数	项目	Cr	Zn	As	Cd	Hg	Pb
白马村	11	范围	0.092～0.677	0.488～1.386	0.018～0.037	0.024～0.065	0.003～0.022	0.108～0.344
		平均值	0.322±0.24	0.876±0.34	0.026±0.01	0.042±0.01	0.013±0.01	0.188±0.11
东山村	18	范围	0.081～0.585	0.386～1.622	0.001～0.076	0.027～0.083	0.004～0.034	0.126～0.405
		平均值	0.264±0.18	0.960±0.58	0.042±0.02	0.057±0.02	0.018±0.01	0.233±0.14
郑家营村	1	范围	0.275	1.162	0.036	0.044	0.012	0.186
		平均值	0.275	1.162	0.036	0.044	0.012	0.186
民族村	13	范围	0.099～0.845	0.354～1.887	0.012～0.086	0.033～0.092	0.006～0.028	0.112～0.376
		平均值	0.466±0.23	1.577±0.29	0.047±0.02	0.061±0.02	0.016±0.01	0.246±0.12
大马城村	12	范围	0.096～0.478	0.477～1.295	0.022～0.046	0.031～0.105	0.013～0.017	0.124～0.396
		平均值	0.275±0.12	0.788±0.32	0.033±0.01	0.064±0.02	0.014±0.01	0.257±0.16

续表

采样点	样品数	项目	Cr	Zn	As	Cd	Hg	Pb
草海湖入口	13	范围	0.090~0.369	0.643~1.565	0.032~0.063	0.033~0.097	0.005~0.022	0.165~0.328
		平均值	0.178±0.11	1.095±0.14	0.042±0.01	0.056±0.01	0.017±0.01	0.233±0.14
出水口	6	范围	0.092~0.494	0.363~1.548	0.012~0.047	0.041~0.088	0.003~0.031	0.129~0.288
		平均值	0.258±0.14	0.835±0.24	0.033±0.02	0.062±0.01	0.022±0.02	0.174±0.11
银龙村	6	范围	0.080~0.422	0.475~1.488	0.009~0.037	0.029~0.062	0.006~0.022	0.106~0.204
		平均值	0.294±0.15	0.879±0.17	0.016±0.01	0.047±0.01	0.013±0.01	0.144±0.09
张家湾村	4	范围	0.047~0.442	0.704~1.386	0.016~0.048	0.039~0.055	0.008~0.017	0.166~0.217
		平均值	0.267±0.16	0.632±0.13	0.023±0.01	0.043±0.01	0.012±0.01	0.184±0.07
西海村	9	范围	0.106~0.475	0.655~1.549	0.017~0.045	0.046~0.010	0.004~0.010	0.125~0.402
		平均值	0.302±0.14	1.056±0.22	0.031±0.02	0.067±0.02	0.006±0	0.256±0.16

注：郑家营村只有1个样本，数据统计存在差异性

从各种元素平均含量的品种分布来看，Cr、Zn、As 的最高含量出现在民族村，Cd 的最高含量出现在西海村，Pb 的最高含量出现在大马城村，Hg 的最高含量出现在出水口。在这些农作物重金属元素含量较高的村地中，其耕地土壤中的重金属含量也相对较高。总体来看，草海地区大部分村地的农作物中 Cd、Hg 和 Pb 的平均含量偏高，超出了中华人民共和国蔬菜食品卫生标准；Cr、Zn 和 As 的平均含量较低，各村地都符合中华人民共和国蔬菜食品卫生标准，未出现超标现象。

6.3.2 草海不同地区农作物中重金属超标率、富集系数

下面主要以超标率、富集系数对各村地农作物重金属污染状况进行评价，结果见表6-8。

表6-8 不同地区农作物重金属含量超标率、富集系数评价结果

作物采样点	样点数	项目	Cr	Zn	As	Cd	Hg	Pb
白马村	11	平均值	0.322	0.876	0.026	0.042	0.013	0.188
		超标率	18.18	0	0	18.18	27.27	27.27
		富集系数	0.41	3.34	0.15	5.83	2.24	0.75
东山村	18	平均值	0.264	0.960	0.042	0.057	0.018	0.233
		超标率	11.11	0	16.67	22.22	22.22	27.78
		富集系数	0.21	2.34	0.21	6.40	2.69	0.39
郑家营村	1	平均值	0.275	1.162	0.036	0.044	0.012	0.186
		超标率	0	0	0	0	100	100
		富集系数	0.23	4.66	0.31	5.95	3.16	0.63

续表

作物采样点	样点数	项目	Cr	Zn	As	Cd	Hg	Pb
民族村	13	平均值	0.466	1.577	0.047	0.061	0.016	0.246
		超标率	15.38	0	15.38	23.08	23.08	30.77
		富集系数	0.46	2.73	0.28	5.55	1.86	0.34
大马城村	12	平均值	0.275	0.788	0.033	0.064	0.014	0.257
		超标率	0	0	0	16.67	25.00	25.00
		富集系数	0.36	2.25	0.20	8.00	1.21	0.40
草海湖入口	13	平均值	0.178	1.095	0.042	0.056	0.017	0.233
		超标率	0	0	15.38	30.77	30.77	30.77
		富集系数	0.25	3.06	0.26	5.33	1.39	0.37
出水口	6	平均值	0.258	0.835	0.033	0.062	0.022	0.174
		超标率	0	0	14.29	33.33	33.33	16.67
		富集系数	0.40	2.86	0.11	7.85	2.93	0.50
银龙村	6	平均值	0.294	0.879	0.016	0.047	0.013	0.144
		超标率	0	0	0	7.69	16.67	33.33
		富集系数	0.48	2.19	0.09	5.11	2.71	0.53
张家湾村	4	平均值	0.267	0.632	0.023	0.043	0.012	0.184
		超标率	7.69	0	23.08	25.00	25.00	25.00
		富集系数	0.38	2.11	0.14	5.24	2.79	0.72
西海村	9	平均值	0.302	1.056	0.031	0.067	0.006	0.256
		超标率	0	0	0	22.22	22.22	33.33
		富集系数	0.28	3.01	0.09	3.99	0.33	0.77

从表 6-8 和图 6-4 可以看出，各村地中均有不同元素出现不同程度的超标现象。各村地中均对 Cd 的富集系数最大，说明 Cd 的迁移能力是比较强的，其次是 Zn、Hg。各村地对 Cd 的富集系数为 3.99~8.00，平均值为 5.93，对 Cd 的富集系数大小顺序为：大马城村＞出水口＞东山村＞郑家营村＞白马村＞民族村＞草海湖入口＞张家湾村＞银龙村＞西海村；各村地对 Zn 的富集系数为 2.11~4.66，平均值为 2.86，对 Zn 的富集系数大小顺序为：郑家营村＞白马村＞草海湖入口＞西海村＞出水口＞民族村＞东山村＞大马城村＞银龙村＞张家湾村；各村地对 Hg 的富集系数为 0.33~3.16，平均值为 2.13，对 Hg 的富集系数大小顺序为：郑家营村＞出水口＞张家湾村＞银龙村＞东山村＞白马村＞民族村＞草海湖入口＞大马城村＞西海村；各村地对 Pb 的富集系数为 0.34~0.77，平均值为 0.54，对 Pb 的富集系数大小顺序为：西海村＞白马村＞张家湾村＞郑家营村＞银龙村＞出水口＞大马城村＞东山村＞草海湖入口＞民族村；各村地对 Cr 的富集系数为 0.21~0.48，

平均值为 0.35，对 Cr 的富集系数大小顺序为：银龙村＞民族村＞白马村＞出水口＞张家湾村＞大马城村＞西海村＞草海湖入口＞郑家营村＞东山村；各村地对 As 的富集系数为 0.09～0.31，平均值为 0.18，对 As 的富集系数大小顺序为：郑家营村＞民族村＞草海湖入口＞东山村＞大马城村＞白马村＞张家湾村＞出水口＞银龙村＞西海村。

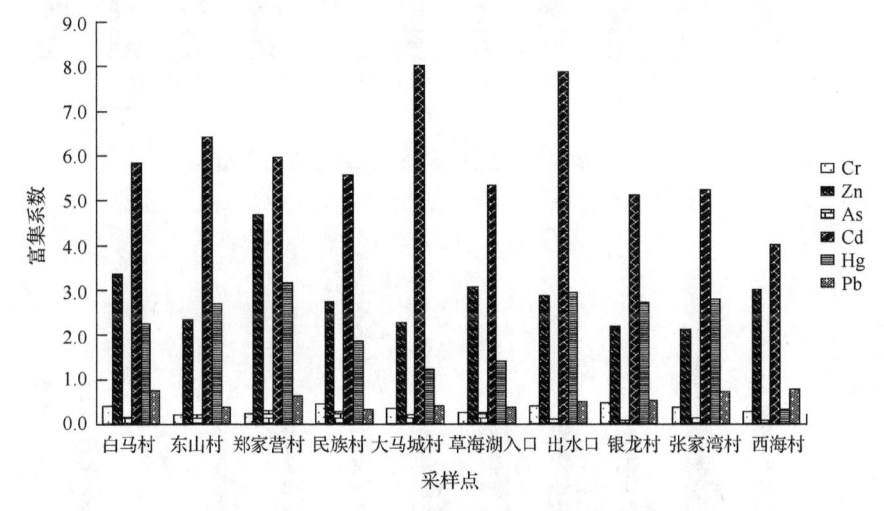

图 6-4 草海地区不同地区农产品重金属富集系数

6.3.3 草海不同地区农作物中重金属安全评价

同样以中华人民共和国蔬菜食品卫生标准为标准对不同地区农作物重金属污染状况进行评价，评价结果列于表 6-9 和图 6-5、图 6-6。

表 6-9 草海不同地区农作物重金属污染评价指数

作物采样点	Cr	Zn	As	Cd	Hg	Pb	综合污染指数
白马村	0.644	0.044	0.520	0.840	1.300	0.940	0.715
东山村	0.528	0.048	0.840	1.140	1.800	1.165	0.920
郑家营村	0.550	0.058	0.720	0.880	1.200	0.930	0.723
民族村	0.932	0.079	0.940	1.220	1.600	1.230	1.000
大马城村	0.550	0.039	0.660	1.280	1.400	1.285	0.869
草海湖入口	0.356	0.055	0.840	1.120	1.700	1.165	0.873
出水口	0.516	0.042	0.660	1.240	2.200	0.870	0.921
银龙村	0.588	0.044	0.320	0.940	1.300	0.720	0.652
张家湾村	0.534	0.032	0.460	0.860	1.200	0.920	0.668
西海村	0.604	0.053	0.620	1.340	0.600	1.280	0.750
平均值	0.580	0.049	0.658	1.086	1.430	1.051	0.809

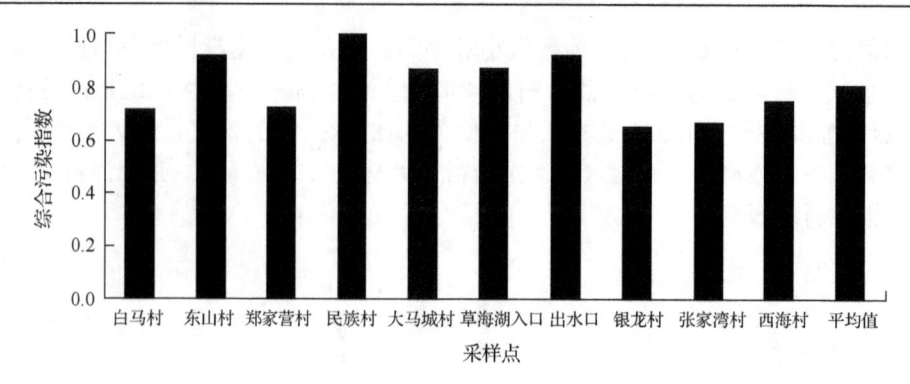

图 6-5　草海不同地区农作物重金属综合污染指数

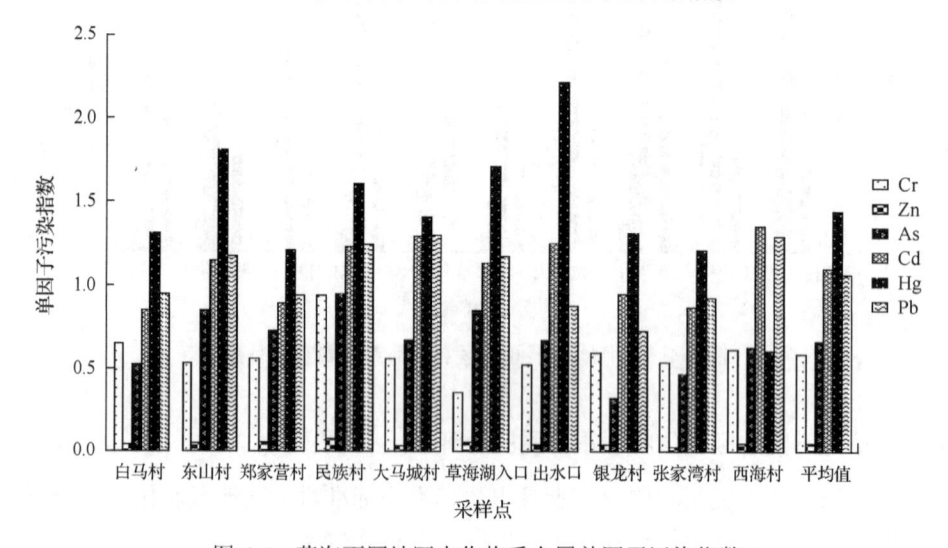

图 6-6　草海不同地区农作物重金属单因子污染指数

由表 6-9 和图 6-5 得出，研究区不同地区农作物综合污染评价值为 0.652～1.000，综合污染程度顺序为：民族村＞出水口＞东山村＞草海湖入口＞大马城村＞西海村＞郑家营村＞白马村＞张家湾村＞银龙村。其中民族村综合污染指数等于 1，处于受污染状态，其他村地的农作物暂未超出国家蔬菜食品卫生标准。

从表 6-9 及图 6-6 可以看出，各村地农作物主要受到 Cd、Hg 和 Pb 的污染。其中 Cd 的单因子污染指数以西海村最高，指数值为 1.340，其次是大马城村和出水口，指数值分别为 1.280 和 1.240，其中还有民族村、东山村、草海湖入口，污染指数超过 1，说明这些村地超出国家蔬菜食品卫生标准；Hg 的单因子污染指数以出水口最高，指数值为 2.200，超标比较严重，其次是东山村，指数值为 1.800，其中只有西海村未超过 1；Pb 的单因子污染指数以大马城村最高，污染指数值为 1.285，其次是西海村，污染指数值是 1.280，其中还有民族村、东山村、草海湖入口，污染指数超过 1。Cr、As、Zn 的单因子平均污染指数均在 1 以下，说明研究区域的村地农作物未受到这些元素的污染。

在研究区不同村地农作物中,Hg 的平均污染指数最大,指数值为 1.430;其次是 Cd 和 Pb,指数值分别为 1.086 和 1.051。其余元素平均污染指数均在 1 之内,这同样说明了草海地区农作物的重金属污染以 Hg、Cd 和 Pb 为主。

6.4 土壤-作物系统重金属含量相关关系及影响因素分析

为了分析土壤-作物系统重金属含量之间的关系及土壤 pH 对植物重金属元素富集系数的影响,本研究对土壤中重金属含量与农作物中重金属含量的相关关系进行了分析,同时探讨了土壤 pH 对农作物中重金属富集能力的影响。

6.4.1 土壤-作物系统重金属含量相关关系分析

对于作物系统来说,从总量上看,随着土壤重金属含量的增加,农作物体内各部分的累积量也会相应增加(Malandrino et al., 2006)。为了阐明土壤中重金属污染对农产品安全的影响,本研究进一步分析了土壤中重金属含量与农作物中重金属含量间的相关关系,分析结果见表 6-10。

表 6-10 作物中重金属与土壤中重金属含量间的相关关系

	作物 Cr	作物 Zn	作物 As	作物 Cd	作物 Hg	作物 Pb
土壤 Cr	0.72**	0.24	0.24	0.3	−0.1	0.43
土壤 Zn	0.51	0.65*	0.57	0.72**	0.14	0.13
土壤 As	−0.39	0	−0.24	−0.28	0.12	−0.27
土壤 Cd	−0.24	0.2	0.57	0.39	−0.17	−0.26
土壤 Hg	−0.45	−0.55	−0.08	−0.38	0.16	−0.34
土壤 Pb	0.01	−0.43	0.13	−0.13	−0.18	0.51

**表示极显著相关(显著水平为 0.01),*表示显著相关(显著水平为 0.05)

由表 6-10 作物中重金属平均含量与土壤中重金属平均含量的相关分析表明,作物 Cr 和土壤 Cr 呈极显著相关,相关系数达 0.72;作物 Zn 和土壤 Zn 呈显著相关,相关系数达 0.65;作物 Cd 和土壤 Zn 呈极显著相关,相关系数达 0.72,表明作物中所含重金属含量与土壤中所含重金属含量间相关性较好。其余重金属元素之间的相关性不明显。研究说明,土壤重金属污染是一个复杂的系统,影响因素较多,有待于更进一步的研究。

6.4.2 农作物富集系数与土壤 pH 的相关关系分析

土壤 pH 是土壤重要的理化性质之一。几乎所有的研究都将土壤 pH 列为影响植物对重金属吸收最主要的土壤因素(黄永东等,2011)。农作物中 6 种重金属元素的富集系数与土壤 pH 的相关关系见表 6-11。

表 6-11 农作物中重金属元素的富集系数与土壤 pH 的相关关系

	Cr	Zn	As	Cd	Hg	Pb
pH	−0.31	−0.4	−0.32	−0.3	−0.75**	−0.11

**表示极显著相关(显著水平为 0.01)

由表 6-11 可知,6 种重金属元素的富集系数与土壤 pH 均呈负相关关系,pH 的大小显著影响土壤中重金属的存在形态和土壤对重金属的吸附量。由于土壤胶体一般带负电荷,而重金属在土壤-农作物系统中大都以阳离子的形式存在,因此,一般来说土壤 pH 越低,H^+ 越多,重金属被解吸得越多,其活动性就越强,从而加大了土壤中的重金属向生物体内迁移的数量(宋书巧等,1999)。

其中 Hg 的富集系数与土壤 pH 的相关系数最大,相关性较高,表明它受 pH 的影响较大。而其余元素与土壤的相关系数很小,受 pH 的影响较小,这可能与草海耕地土壤的 pH 总体较高有很大的关系(王崇臣等,2009)。

6.5 农产品中农药含量状况

6.5.1 玉米中有机氯农药残留

本研究利用气相色谱法分析所采集的玉米样品中 7 种有机氯农药的残留状况。草海湖区玉米有机氯农药残留状况见表 6-12,有机氯农药(OCP)的检出率为 30%,残留量为 nd~8.35μg/kg,平均值 0.94μg/kg;HCH 的检出率为 21%,残留量在 nd~2.06μg/kg,平均值 0.74μg/kg;DDTs 的检出率为 31%,残留量在 nd~4.74μg/kg,平均值 1.02μg/kg。玉米中有机氯农药残留主要是 HCH 和 DDTs,DDTs 的检出率高于 HCH,且 DDTs 的残留量高于 HCH。

表 6-12 草海湖区玉米有机氯农药残留状况

检测指标	最小值/(μg/kg)	最大值/(μg/kg)	平均值/(μg/kg)	检出率/%
DDT	nd	0.31	0.15	26
DDD	nd	2.21	0.52	30
DDE	nd	3.26	0.21	22
DDTs	nd	4.74	1.02	31
α-HCH	nd	0.21	0.09	20
β-HCH	nd	1.52	0.17	23
γ-HCH	nd	0.14	0.08	21
δ-HCH	nd	1.06	0.22	25
HCH	nd	2.06	0.74	21
OCP	nd	8.35	0.94	30

注:nd 表示未检出

在 7 种 OCP 组分中，DDD 的检出率最高，为 30%。其次为 DDT，其检出率为 26%。从作物中检出有机氯成分残留量所占的比例来看，DDD 所占比例最高，为 35.2%；其次是 DDE，所占比例为 17.6%；所占比例最低的是 α-HCH，为 5.4%。

6.5.2 马铃薯中有机氯农药残留

本研究采集了 7 个马铃薯样品，利用气相色谱法分析马铃薯中 7 种有机氯农药的残留状况。草海湖区马铃薯有机氯农药残留状况见表 6-13，有机氯农药(OCP)的检出率为 31%，残留量为 nd~7.37μg/kg，平均值 0.97μg/kg；DDTs 的检出率为 30%，残留量为 nd~3.71μg/kg，平均值 1.22μg/kg；HCH 的检出率为 22%，残留量为 nd~2.24μg/kg，平均值 0.65μg/kg。

表 6-13　草海湖区马铃薯有机氯农药残留

检测指标	最小值/(μg/kg)	最大值/(μg/kg)	平均值/(μg/kg)	检出率/%
DDT	nd	0.22	0.16	25
DDD	nd	2.14	0.65	32
DDE	nd	2.53	0.37	21
DDTs	nd	3.71	1.22	30
α-HCH	nd	0.23	0.07	18
β-HCH	nd	1.41	0.25	21
γ-HCH	nd	1.04	0.18	21
δ-HCH	nd	1.13	0.23	26
HCH	nd	2.24	0.65	22
OCP	nd	7.37	0.97	31

注：nd 表示未检出

在 7 种 OCP 组分中，DDD 的检出率最高，为 32%。其次为 δ-HCH，其检出率为 26%。从作物中检出有机氯成分残留量所占的比例来看，DDT 所占比例最高，为 33.7%；其次是 DDD，所占比例为 19.3%；所占比例最低的是 α-HCH，为 4.3%。

由于有机氯农药在我国已停用多年，因此农作物及粮谷等谷粒中的 OCP 一般是通过对残留的再吸收而获得的，称为再残留。再残留限量(简称 EMRL)指由于环境背景值(包括以前农业应用现已禁用的农药)而不是由于直接或间接使用农药而产生的农药残留，它是由国际食品法典委员会(简称 CAC)制定的食品、农畜产品中农药残留的法定允许或认为可接受的最大浓度。

根据现行的国际食品法典中再残留限量(简称 EMRL)的规定(宋稳成等，2009)，本次调查的玉米和马铃薯中 OCP 的再残留限量平均值分别为 0.94μg/kg 和 0.97μg/kg，远远低于法典中粮谷的 EMRL(≤100μg/kg)，再次污染较轻，不会对消费者的健康造成危害。

6.6 作物对不同污染物的富集程度分析

6.6.1 重金属富集程度分析

作物对重金属的吸收是有选择性的,由于植物生长特性及遗传特性不同,不同作物对土壤重金属的吸收、富集具有显著的差异性,农作物种类不同,其从土壤中吸收的各种元素的量也不相同,因此可以用农作物对土壤重金属的富集系数来反映各种农作物吸收土壤重金属的状况,富集系数越大,表明植物越容易从土壤中吸收该元素,该元素对于此种作物的危害性越高。

下面以富集系数对主要农作物重金属污染状况进行评价,结果见表6-14。

表 6-14 主要农作物重金属富集系数

元素	作物	富集系数/%	元素	作物	富集系数/%
Cr	玉米	0.06	Cd	玉米	4.42
	马铃薯	0.11		马铃薯	4.24
Zn	玉米	2.12	Hg	玉米	1.14
	马铃薯	2.33		马铃薯	1.13
As	玉米	0.20	Pb	玉米	0.46
	马铃薯	0.09		马铃薯	0.44

从表6-14可看出,不同农作物品种对各种元素的吸收状况(农作物重金属的平均含量)具有一定的差异性。马铃薯对于Cr、Zn的富集系数要略高于玉米的富集系数,而玉米对于As、Cd、Hg、Pb的富集系数要略高于马铃薯的富集系数,说明重金属元素Cr和Zn对于马铃薯的迁移能力要强于玉米,而重金属元素As、Cd、Hg、Pb对于玉米的迁移能力要高于马铃薯。

6.6.2 农药富集程度分析

土壤中有机氯农药在农作物中的富集趋势可以用生物富集系数(BCF)来衡量,在此可定义为作物中有机氯农药与邻近土壤中含量的比值,尽管富集水平不一定达到平衡状态,但仍能反映出农作物对土壤中OCP的吸收趋势(郜红建等,2009)。农产品玉米和马铃薯对于农药残留六六六(HCH)、滴滴涕(DDTs)的生物富集系数分析结果见表6-15。

表 6-15 农产品对于农药的生物富集系数

作物种类	HCH	DDTs	OCP
玉米	0.43	0.29	0.32
马铃薯	0.37	0.34	0.32

第6章 草海湿地农作物安全评价

由表 6-15 可知，作物对 HCH 的富集作用强于 DDTs，可能原因是：①农作物的种类、品种、耕作方式等不同，其对农药也具有一定的选择性吸收，对 HCH 较易吸收；②不同组分 OCP 理化性质存在差异，HCH 的蒸气压比 DDTs 大，更易挥发而进入大气，进而被作物所吸收。

土壤农药残留量虽低，但农产品易于富集，再加上其生长期短、复种指数高、对 OCP 具有较强的吸收能力，以及易对人、畜健康产生潜在的危害，应当引起重视，安全合理种植。

6.7 农产品安全风险分析

6.7.1 玉米安全风险分析

1. 重金属在玉米中的安全风险分析

通过危害物风险系数法和食品安全指数法对检测结果进行分析统计，6 种重金属污染物在玉米中的安全性评价见表 6-16。

表 6-16 重金属在玉米中的安全性统计结果

指标	Pb	Cd	Hg	Cr	As	Zn
R	11.3	12.1	21.1	1.1	1.1	1.1
IFS_C	1.143	1.042	2.017	0.063	0.043	0.145

注：R.风险系数；IFS_C.安全指数

从表 6-16 可知，Hg 在玉米中的风险系数最高，远远大于 2.5。在玉米中各个污染元素的风险系数依次为 Hg>Cd>Pb>Cr=As=Zn。其中重金属元素 Hg、Cd、Pb 均属于高度风险($R>2.5$)，需要引起重视。重金属元素 Cr、As、Zn 的风险系数均<1.5，属于低度风险状态，其安全指数分别为 0.063、0.043、0.145，皆不超过 1，说明这三种元素对玉米安全性没有造成影响。6 种重金属元素对于玉米安全性的影响程度从大到小依次为 Hg、Pb、Cd、Zn、Cr、As。

2. 农药残留在玉米中的安全风险分析

通过危害物风险系数法和食品安全指数法对检测结果进行分析统计，农药残留 OCP 各组分在玉米中的安全性评价见表 6-17。

由于各农药残留组分在玉米中均未有超标成分检出，从表 6-17 可见，各组分的风险系数均为 1.1，属于低度风险。农药残留 DDD 在玉米中的安全指数为 0.256，为各成分中的最高值。α-HCH 在玉米中的安全指数为 0.042，为各成分中的最低值。各组分在玉米中的安全指数都远小于 1，对于玉米安全性没有大的影响。其中 DDTs 的安全指数为 0.154，HCH 的安全指数为 0.067，说明 DDTs 对于玉米安全性的影响程度要高于 HCH。各组分对玉米安全性的影响程度依次为：DDD(0.256) > DDT(0.202) > δ-HCH(0.153) > β-HCH(0.102) > DDE(0.073) > γ-HCH(0.064) > α-HCH(0.042)。

表 6-17　农药残留在玉米中的安全性统计结果

指标	R	IFS$_C$
DDT	1.1	0.202
DDD	1.1	0.256
DDE	1.1	0.073
DDTs	1.1	0.154
α-HCH	1.1	0.042
β-HCH	1.1	0.102
γ-HCH	1.1	0.064
δ-HCH	1.1	0.153
HCH	1.1	0.067
OCP	1.1	0.205

注：R.风险系数；IFS$_C$.安全指数

6.7.2　马铃薯安全风险分析

1. 重金属在马铃薯中的安全风险分析

通过危害物风险系数法和食品安全指数法对检测结果进行分析统计，6 种重金属污染物在马铃薯中的安全性评价见表 6-18。

表 6-18　重金属在马铃薯中的安全性统计结果

指标	Pb	Cd	Hg	Cr	As	Zn
R	22.5	10.4	11.1	1.1	1.1	1.1
IFS$_C$	2.049	1.402	1.006	0.065	0.041	0.152

注：R.风险系数；IFS$_C$.安全指数

从表 6-18 可知，Pb 在马铃薯中的风险系数最高，为 22.5，远大于 2.5。在马铃薯中各污染元素的风险系数依次为 Pb>Hg>Cd>Cr=As=Zn。其中重金属元素 Hg、Cd、Pb 属于高度风险(R>2.5)，需要引起重视。重金属元素 Cr、As、Zn 的风险系数<1.5，属于低度风险状态，其安全指数分别为 0.065、0.041、0.152，都没有超过 1，说明这三种元素对马铃薯的安全性没有造成影响。6 种重金属元素对于马铃薯安全性的影响程度依次为 Pb>Cd>Hg>Zn>Cr>As。

2. 农药残留在马铃薯中的安全风险分析

通过危害物风险系数法和食品安全指数法对检测结果进行分析统计,农药残留 OCP 各组分在马铃薯中的安全性评价见表 6-19。

表 6-19 农药残留在马铃薯中的安全性统计结果

指标	R	IFS_C
DDT	1.1	0.141
DDD	1.1	0.214
DDE	1.1	0.076
DDTs	1.1	0.215
α-HCH	1.1	0.046
β-HCH	1.1	0.057
γ-HCH	1.1	0.051
δ-HCH	1.1	0.162
HCH	1.1	0.158
OCP	1.1	0.194

注:R.风险系数;IFS_C.安全指数

由于各农药残留组分在马铃薯中均未有超标成分检出,从表 6-19 可见,各组分的风险系数均为 1.1,属于低度风险。农药残留 DDD 在马铃薯中的安全指数为 0.214,为各成分中的最高值。α-HCH 在马铃薯中的安全指数为 0.046,为各成分中的最低值。各组分在马铃薯中的安全指数都远小于 1,对于马铃薯安全性没有大的影响。其中 DDTs 的安全指数为 0.215,HCH 的安全指数为 0.158,说明 DDTs 对于马铃薯安全性的影响程度要高于 HCH。各组分对马铃薯安全性的影响程度依次为:DDD(0.214)>δ-HCH(0.162)>DDT(0.141)>DDE(0.076)>β-HCH(0.057)>γ-HCH(0.051)>α-HCH(0.046)。

6.7.3 三种主要蔬菜安全风险分析

1. 重金属在三种蔬菜中的安全风险分析

通过危害物风险系数法和食品安全指数法对三种蔬菜的重金属检测结果进行分析统计,统计结果如表 6-20 所示。

从表 6-20 可知,重金属 Pb 在三种蔬菜中风险系数较高,其中 Pb 在萝卜中风险系数高达 12.2,Pb 在白菜、菜苔中均属于高度风险($R>2.5$)。Pb 在三种蔬菜中的风险程度由高至低(风险系数由高至低)排序为:萝卜、菜苔、白菜。Pb 在各品种蔬菜中的安全指数均小于 1,对蔬菜安全没有影响。Pb 在三种蔬菜中安全程度由高至低(安全指数由小至大)排序为:萝卜、白菜、菜苔。

表 6-20　重金属在白菜、菜苔、萝卜中的安全性统计结果

蔬菜	指标	Pb	Cd	Hg	Cr	As	Zn
白菜	R	2.6	1.7	10.4	1.4	1.5	1.1
	IFS_C	0.035	0.133	0.224	0.104	0.049	0.006
菜苔	R	2.7	1.1	2.1	1.1	1.1	1.1
	IFS_C	0.043	0.142	0.107	0.026	0.009	0.002
萝卜	R	12.2	2.2	2.2	1.1	1.1	2.2
	IFS_C	0.013	0.127	0.004	0.038	0.013	0.101

注：R.风险系数；IFS_C.安全指数

重金属 Cd 在白菜、菜苔、萝卜三种蔬菜中的风险系数依次为 1.7、1.1、2.2，其中萝卜和白菜的风险系数属于中度风险(1.5＜1.7＜2.2＜2.5)，菜苔的风险系数为 1.1＜1.5，属于低度风险。Cd 在三种蔬菜中的安全指数均小于 1，对蔬菜安全没有影响。重金属 Cd 在各种蔬菜中的安全程度由高至低(安全指数由小至大)排序为：萝卜、白菜、菜苔。

重金属 Hg 在白菜、菜苔、萝卜三种蔬菜中的风险系数较高，依次为 10.4、2.1、2.2，其中白菜的风险系数高达 10.4，属于高度风险(10.4＞2.5)，菜苔和萝卜的风险程度属于中度风险。Hg 在三种蔬菜中的安全指数均小于 1，对蔬菜安全没有影响。Hg 在各种蔬菜中的安全程度由高至低(安全指数由小至大)排序为：萝卜、菜苔、白菜。

重金属 Cr、As、Zn 在白菜、菜苔、萝卜三种蔬菜中的风险系数较低，大部分都＜1.5，属于低度风险，其中只有 Zn 在萝卜中的风险系数为 2.2，属于中度风险(1.5＜2.2＜2.5)。Cr、As、Zn 在三种蔬菜中的安全指数均小于 1，对蔬菜安全没有影响。重金属 Cr 在三种蔬菜中的安全程度由高至低(安全指数由小至大)排序为：菜苔、萝卜、白菜；重金属 As 在三种蔬菜中的安全程度由高至低(安全指数由小至大)排序为：菜苔、萝卜、白菜；重金属 Zn 在三种蔬菜中的安全程度由高至低(安全指数由小至大)排序为：菜苔、白菜、萝卜。

2. 农药残留在三种蔬菜中的安全风险分析

通过对检测结果进行分析统计，农药残留 OCP 各组分在白菜中的安全性评价见表 6-21。

表 6-21　农药残留在白菜中的安全性统计结果

指标	R	IFS_C
DDT	1.1	0.031
DDD	1.1	0.178
DDE	1.1	0.106

续表

指标	R	IFS$_C$
DDTs	1.1	0.115
α-HCH	1.1	0.013
β-HCH	1.1	0.049
γ-HCH	1.1	0.061
δ-HCH	1.1	0.212
HCH	1.1	0.155
OCP	1.1	0.134

注：R.风险系数；IFS$_C$.安全指数

由于各农药残留组分在白菜中均未有超标成分检出，从表 6-21 可见，各组分的风险系数均为 1.1，属于低度风险。农药残留 δ-HCH 在白菜中的安全指数为 0.212，为各成分中的最高值，α-HCH 在白菜中的安全指数为 0.013，为各成分中的最低值。各组分在白菜中的安全指数都远小于 1，对于白菜安全性没有大的影响。其中 DDTs 的安全指数为 0.115，HCH 的安全指数为 0.155，说明 HCH 对于白菜安全性的影响程度要高于 DDTs。农药残留 OCP 总体对白菜的安全指数为 0.134。各组分对白菜安全性的影响程度依次为：δ-HCH（0.212）＞DDD（0.178）＞DDE（0.106）＞γ-HCH（0.061）＞β-HCH（0.049）＞DDT（0.031）＞α-HCH（0.013）。

通过对检测结果进行分析统计，农药残留 OCP 各组分在菜苔中的安全性评价见表 6-22。

表 6-22　农药残留在菜苔中的安全性统计结果

指标	R	IFS$_C$
DDT	1.1	0.042
DDD	1.1	0.208
DDE	1.1	0.077
DDTs	1.1	0.144
α-HCH	1.1	0.032
β-HCH	1.1	0.071
γ-HCH	1.1	0.052
δ-HCH	1.1	0.114
HCH	1.1	0.138
OCP	1.1	0.149

注：R.风险系数；IFS$_C$.安全指数

由于各农药残留组分在菜苔中均未有超标成分检出，从表 6-22 可见，各组分的风险系数均为 1.1，属于低度风险。农药残留 DDD 在菜苔中的安全指数为 0.208，为各成分中的最高值，α-HCH 在菜苔中的安全指数为 0.032，为各成分中的最低值。各组分在菜苔中的安全指数都远小于 1，说明对于菜苔安全性没有大的影响。其中 DDTs 的安全指数为 0.144，HCH 的安全指数为 0.138，说明 DDTs 对于菜苔的安全性影响程度要高于 HCH。农药残留 OCP 总体对菜苔的安全指数为 0.149。各组分对菜苔安全性的影响程度依次为：DDD(0.208)＞δ-HCH(0.114)＞DDE(0.077)＞β-HCH(0.071)＞γ-HCH(0.052)＞DDT(0.042)＞α-HCH(0.032)。

通过对检测结果进行分析统计，农药残留 OCP 各组分在萝卜中的安全性评价见表 6-23。

表 6-23　农药残留在萝卜中的安全性统计结果

指标	R	IFS_C
DDT	1.1	0.052
DDD	1.1	0.227
DDE	1.1	0.153
DDTs	1.1	0.161
α-HCH	1.1	0.040
β-HCH	1.1	0.071
γ-HCH	1.1	0.064
δ-HCH	1.1	0.211
HCH	1.1	0.142
OCP	1.1	0.154

注：R.风险系数；IFS_C.安全指数

由于各农药残留组分在萝卜中均未有超标成分检出，从表 6-23 可见，各组分的风险系数均为 1.1，属于低度风险。农药残留 DDD 在萝卜中的安全指数为 0.227，为各成分中的最高值，α-HCH 在萝卜中的安全指数为 0.040，为各成分中的最低值。各组分在萝卜中的安全指数都远小于 1，说明对于萝卜安全性没有大的影响。其中 DDTs 的安全指数为 0.161，HCH 的安全指数为 0.142，说明 DDTs 对于萝卜安全性的影响程度要高于 HCH。农药残留 OCP 总体对萝卜的安全指数为 0.154。各组分对萝卜安全性的影响程度依次为：DDD(0.227)＞δ-HCH(0.211)＞DDE(0.153)＞β-HCH(0.071)＞γ-HCH(0.064)＞DDT(0.052)＞-α-HCH(0.040)。

第7章 草海湿地环境承载力研究

区域环境系统可看作区域人文环境系统与自然环境系统的综合体。其中，人类社会、经济活动为承载对象，即受载体，人类赖以生存、发展的基础——自然环境为承载体。这两个系统之间通过互动反馈作用紧密地交织在一起，这种互动反馈作用主要表现在两个方面：一是作为物质基础的自然环境承载体对人类及其经济社会活动的支撑作用，同时也包括自然灾害的形成对人类及其经济社会活动的抑制作用；二是人类通过对自然系统投入可控资源、治理自然灾害、开发不可控资源，从而实现自然系统对人类社会的产出。因此，本研究将从人文环境、自然环境和旅游环境三方面来分析影响草海高原湿地环境承载力的因素。

7.1 草海湿地环境承载力评价指标的确定及指标体系的建立

7.1.1 指标体系构建的基本原则

(1) 科学性原则

指标体系一定要建立在科学的基础上，具体指标能客观和真实地反映区域发展状态，各子系统和指标间的相互联系能充分反映区域环境承载力的内在机制。同时，每一个指标的概念必须明确，测算方法标准，统计计量方法规范，具体指标能够度量和反映区域环境承载力的特征，这样才能保证评估方法的科学性、评价结果的真实性和客观性。

(2) 系统性原则

区域环境-社会经济系统是一个极其复杂的巨系统，它可分解为若干个较小的亚系统，亚系统又可分为若干子系统，这样就要求指标体系的覆盖面要广，必须能综合全面地反映区域人地系统的各个方面。

(3) 可操作性原则

指标体系应把简明性和复杂性很好地结合起来，要充分考虑到数据的可获得性和指标量化的难易程度，要保证既能全面反映环境承载力的种种内涵，又要尽可能地利用现有的统计资料或易于直接从有关部门获得的资料，指标要具有可测性和可比性，易于量化处理。

(4) 区域性原则

环境承载力所涉及的资源、环境和社会经济条件均具有明显的地域性，因而在衡量一个具体区域的环境承载力时其评价指标应具有区域性，要能反映出研究区的特征。

7.1.2 评价指标的筛选方法

在对评价指标的具体筛选中既要全面考虑上述的四大原则，又要考虑到各项原则的特殊性及目前研究认识上的差异，根据实际情况确定各项原则的衡量精度及研究方法，力求依据各项原则准确又全面真实地描述和计量环境承载力。对于指标的具体筛选方法，可采用频度统计法、理论分析法和专家咨询法。频度统计法主要是对目前提出的有关环境承载力评价研究或相关研究的指标体系进行频度统计，选取那些使用频率较高的指标；理论分析法主要是对区域环境承载力的内涵、特征、基本要素、主要问题进行相关分析、比较、综合，选择重要且外对性强的指标；专家咨询法是在初步提出评价指标的基础上，进一步征询有关专家的意见，对指标进行调整。由于没有搜索到湿地区域环境承载力定量研究的文章，因此不能采取频度统计法对指标进行选取。本书采取理论分析法与专家咨询法相结合的方法来筛选草海高原湿地环境承载力评价指标。

7.1.3 评价指标体系的建立

在同一地区，人类的社会经济行为在层次和内容上也完全可能会有较大差异。因此，本研究从区域环境与社会经济系统间的物质、能量和信息联系的角度入手来建立草海高原湿地环境承载力评价指标，同时考虑到区域环境承载力所涉及的学科极广，要想把区域环境承载力这一高度综合的目标与具体的可量化指标直接联系起来较为困难，所以我们决定结合影响环境承载力的因素进行分析，采用系统分析法将"区域环境承载力"这一综合目标逐级分解为较具体的目标，以构成相应层次的指标体系。具体评价指标体系的结构如表 7-1 所示。

上述具体指标中，除农民年人均纯收入、人均耕地面积、DO、生物多样性、森林覆盖率等指标为发展类指标外，其余各指标均为限制类指标。

1) 目标层：是构建区域环境承载力指标体系的主要目标。

2) 准则层：即在目标层要求的控制下共同构成区域环境承载力的分目标所对应的层次，这一层次包括人文环境承载力、自然环境承载力、旅游环境承载力。

3) 领域层：每个准则都应包括一系列不同的领域或称子系统，而各个子系统应由若干个指标加以支持。

4) 指标层：所谓指标层就是建立一系列可统计、可量化的指标，来支持或反映准则层的要求并评价系统是否达到目标层的目标。每个领域都应有一定数量的指标。这些指标应尽可能地使用量化数据来加以表达。

表 7-1 草海湿地环境承载力评价指标体系

目标层	准则层	领域层	指标层
草海高原湿地环境承载力	人文环境承载力	经济发展水平	农民年人均纯收入(元)
		人口压力指数	人口密度(人/km²)
			人均耕地面积(hm²/人)
	自然环境承载力	水环境承载力	BOD_5(mg/L)
			TN(mg/L)
			TP(mg/L)
			NH_3-N(mg/L)
			DO(mg/m³)
			COD_{Mn}(mg/L)
			COD_{Cr}(mg/L)
		生态环境承载力	生物多样性[单位面积内鸟类种数(种/km²)]
			森林覆盖率(%)
			水土流失指数(%)
	旅游环境承载力	旅游空间承载力	人均占有面积或长度
			最大游人容量(人/天)
		旅游时间承载力	每年可旅游天数(天/年)

1. 草海环境承载力理想状态的确定

环境承载力评价指标数据的多元化、异构性和波动性决定了评价标准的多样性与相对性。本研究根据草海高原湿地环境承载力评价的实际需要，以及国家标准、行业标准和地方行政法规制定的标准及当地经济社会发展水平等原则制定标准阈值，并将其作为判断草海高原湿地环境承载力各项评价指标是否超载的基准。

本研究对于大气、水环境承载力中各具体指标的理想值取相应的国家标准，即按照毕节地区环境保护局对草海的功能区划，水环境理想阈值按Ⅱ类水质标准执行。对于社会经济指标、生态环境承载力各项指标的理想值，将参照相似地区相应指标值或平均水平值来确定，农民年人均纯收入的理想值取贵州省 2011 年农民人均纯收入(4200 元)；人口密度、人均耕地面积的理想值均取贵州省平均值，分别为 220 人/km² 和 0.046hm²/人；森林覆盖率的理想值取国家级生态示范区标准中的丘陵地区标准值(40%)；水土流失指数即无明显侵蚀土地占总面积的百分比，其理想值取 100%；旅游环境承载力中各阈值采用专家评估、类比借鉴等方法具体确定。

2. 草海环境承载力分析方法

(1)指标相对剩余率

区域环境承载力相对剩余率是指一定区域范围内，在某一时期区域环境承载力指标体系中各项指标所代表的该状态下的取值与各项指标理想状态下阈值的差值与其阈值的比值，计量模型如下。除 DO 外，对于发展类指标，有

$$P_i = (X_i - X_{i0}) / X_{i0}$$

对于限制类指标，有

$$P_j = (X_{j0} - X_j) / X_{j0}$$

式中，P_i 为区域环境承载力评价指标体系中第 i 个发展类变量指标的环境承载力相对剩余率；P_j 为区域环境承载力评价指标体系中第 j 个限制类变量指标的环境承载力相对剩余率；X_i 为发展类变量指标 i 的实际值；X_{i0} 为发展类变量指标 i 理想值的上限值；X_j 为限制类变量指标 j 的实际值；X_{j0} 为限制类变量指标 j 理想值的下限值。

另外，在环境评价中，DO 标准指数的计算方式与其他指标不一样，所以其环境承载力相对剩余率的计算方法与其他指数稍有不同，DO 环境承载力相对剩余率计算公式为

$$I_{\text{DO}} = \frac{|\text{DO}_f - \text{DO}_i|}{|\text{DO}_f - \text{DO}_s|} \qquad (\text{DO}_i \geqslant \text{DO}_s)$$

$$I_{\text{DO}} = 10 - 9\left(\frac{\text{DO}_i}{\text{DO}_s}\right) \qquad (\text{DO}_i < \text{DO}_s)$$

$$\text{DO}_f = 468 / (31.6 + T)$$

$$P_{\text{DO}} = 1 - I_{\text{DO}}$$

式中，DO_i 为溶解氧浓度 (mg/L)；DO_f 为饱和溶解氧浓度 (mg/L)；DO_s 为溶解氧的地面水水质标准 (mg/L)；T 为水温，丰水期 20℃，枯水期 5℃；I_{DO} 为溶解氧标准指数；P_{DO} 为溶解氧的环境承载力相对剩余率。

(2) 权重计算

环境承载力评价指标相对权重的确定，计算公式为

$$W_i = \frac{y_i / x_i}{\sum_{i=1}^{n} y_i / x_i}$$

式中，W_i 为第 i 个分量指标的权重；y_i 为第 i 个分量指标的实测值；x_i 为第 i 个分量指标的理想值；n 为分量个数。

(3) 区域综合环境承载力相对剩余率

区域综合环境承载力相对剩余率计算公式为

$$P = \sum_{i=1}^{n} P_i \cdot W_i + \sum_{i=1}^{n} P_j \cdot W_j$$

式中，P 为区域综合环境承载力相对剩余率；i、j 分别为指标体系中发展类变量和限制类变量的个数；P_i、P_j 为区域环境承载力指标体系中某一指标的相对剩余率；W_i、W_j 为各指标的权重。

环境承载力相对剩余率反映了某地区实际的环境承载量与其理论上的环境承载力之间的量值关系，某一要素的相对剩余率大于零时，该要素承载力尚未超过其可容纳的承载力范围，反之，则说明实际承载量已经超过允许的承载力限度，有可能引发环境问题，而综合环境承载力相对剩余率则从整体角度出发，衡量了区域内多要素综合环境承载量与综合环境承载力之间的大小关系，小于零则说明该地区环境承载力已经超载。因此，计算环境承载力相对剩余率，可以弄清该区域环境整体的协调程度。

7.2 草海湿地环境承载力分析

7.2.1 草海湿地人文环境承载力

本研究主要从经济发展水平和人口压力指数两方面来研究草海高原湿地人文环境承载力。

1. 经济发展水平

根据威宁县 2011 年统计年鉴数据，草海自然保护区所在地草海镇总面积 370.98km²，总人口为 150 693 人，其中农业人口 117 595 人，人口密度为 406 人/km²，耕地总面积为 4491.33hm²，人均耕地仅为 0.03hm²/人。草海镇人均纯收入为 4077 元，选取贵州省 2011 年农民人均纯收入(4200 元)作为其理想状态值，计算得知其环境承载力相对剩余率为–0.0293，说明草海区域内经济情况仍不容乐观，需要进一步提高农民的生活水平，且此数据只为草海镇的平均水平，在草海周边的大多数村落都是以种植业维持的，耕地少，收入远不及平均水平，其相对剩余率更小。

2. 人口压力指数

人口压力如何，主要体现在人口密度和人均耕地面积上。因而人口压力指数可用人口密度和人均耕地面积来反映。2011 年草海高原湿地的人口密度为 406 人/km²，人均耕地面积为 0.03hm²/人，其理想状态值(阈值)均采取贵州省平均水平。根据有关资料，2011 年贵州省平均人口密度为 196 人/km², 平均人均耕地面积为 0.126hm²/人。据此，算出人口密度和人均耕地面积两个指标的相对剩余率，分别为–1.5306 和–0.7619。由此可知，草海周边人口密度和人均耕地面积均已严重超载，特别是人口密度，这说明草海高原湿地区域内人口相对过多，已对当地环境造成影响，应该采取措施控制草海高原湿地区域内居民人口数量。

7.2.2 草海湿地自然环境承载力

草海湿地自然环境承载力从水环境承载力和生态环境承载力两方面进行分析。

1. 水环境承载力

(1) 水质检测

通过对草海进行水质检测和污染评价，生活污水、畜禽养殖和农田化肥构成了目前草海主要的污染源。本研究在草海枯水期和丰水期对草海水质进行全面检测，检测结果见表4-2。

(2) 水质指标相对剩余率

草海的水质检测结果显示，全湖 pH 为 7~9，满足《地表水环境质量标准》的各级标准，因此不将其列为指标计算，只选取 COD_{Mn}、DO、BOD_5、COD_{Cr}、TP、NH_3-N 和 TN 这 7 个指标。按毕节地区环境保护局对草海功能区划的要求，草海水域应执行《地表水环境质量标准》（GB 3838—2002）的 II 类水质标准，见表 7-2。因此我们选用该标准作为草海水环境承载力的理论阈值对各指标的环境承载力相对剩余率进行计算。

表 7-2　水环境理想阈值（II 类水质标准）(mg/L)

COD_{Mn}	DO	BOD_5	COD_{Cr}	NH_3-N	TN	TP
4	6	3	15	0.5	0.5	0.1

通过计算可得各指标在枯水期和丰水期的相对剩余率，结果见表 7-3。

表 7-3　草海湿地各水质指标相对剩余率

		DO	COD_{Mn}	BOD_5	COD_{Cr}	NH_3-N	TN	TP
丰水期	最大值	0.9934	–2.2200	0.3000	0.2833	0.5280	0.5720	0.2500
	最小值	0.3355	–0.3050	–0.6433	–3.4233	0.0000	–0.9280	–5.6600
	平均值	0.8198	–1.1420	–0.1118	–0.7241	0.5071	–0.2373	–0.7679
枯水期	最大值	0.4376	–1.1850	0.3267	0.2280	0.7840	0.3780	0.2100
	最小值	0.0943	–0.3600	–0.3933	–2.5887	–1.2320	–1.6740	–1.5600
	平均值	0.3255	–0.6981	0.1035	–0.6914	–0.0053	–0.3522	–0.1556

如表 7-3 所示，草海水质 COD_{Mn}、COD_{Cr}、TN、TP 在丰水期和枯水期都明显超载，其中 COD_{Mn} 超载最为严重，且丰水期比枯水期超载严重；BOD_5 在丰水期有一定超载，在枯水期也接近承载限度；NH_3-N 则在枯水期有一定超载，但丰水期还具有 50%的可承载力。

(3)水质指标权重确定

根据前述权重计算公式，计算草海湿地各水质指标的权重，如表 7-4 所示。

表 7-4　草海湿地各水质指标权重

DO	COD_{Mn}	BOD_5	COD_{Cr}	NH_3-N	TN	TP
0.1493	0.2013	0.1052	0.1783	0.0771	0.1349	0.1538

(4)草海湿地水环境承载力分析

利用丰水期、枯水期各指标的相对剩余率和各自权重数据计算草海湿地水环境承载力相对剩余率，结果见表 7-5。

表 7-5　草海湿地水环境承载力相对剩余率

	水环境承载力相对剩余率
丰水期	−0.3594
枯水期	−0.2762

由表 7-3、表 7-5 可知，草海湿地水环境承载力全年处于严重超载状态，其中丰水期尤为严重，超载指标主要是 COD_{Mn}、TN 和 TP。结果再次表明，草海水体富营养化正在加剧，采取相关措施减少 N、P 的排入已迫在眉睫。

2. 生态环境承载力

草海是一个完整、典型的高原湿地生态系统，其气候独特，生物资源丰富。另外草海也是贵州最大的高原天然淡水湖泊，是维持和调节当地生态系统的重要因子。但随着草海周边城镇的发展，草海湿地生态系统面临严重的威胁。草海的生态环境承载力下降，考虑到草海生态功能的特殊性，本研究从生物多样性、森林覆盖率和水土流失指数三个方面来衡量。

(1)生物多样性

草海是世界上最佳湿地观鸟区之一，在中国生物多样性保护行动计划中被列为一级重要湿地，由此，本研究采用保护区单位面积内的鸟类种数来代表草海的生物多样性。将中国的国际重要湿地中以鸟类为主要保护对象的所有湿地的单位面积内鸟类种数的平均值(1.6008 种/km^2)作为理想值，对其承载力进行分析。草海自然保护区共有 203 种鸟类(张华海等,2007)，而草海自然保护区面积为 96km^2，因此其单位面积内的鸟类种数为 2.1146 种，由此算出该区生物多样性环境承载力相对剩余率为 0.3210。由此可见，草海生物多样性丰富，其生物多样性环境承载状况为可载。

(2) 森林覆盖率

草海自然保护区面积 96km²，除去水域约 25km²，其集水区陆地面积尚有 72km²。在集水区内森林覆盖率约有 15.64%（张华海等，2007）。本研究选取国家级生态示范区标准中的丘陵地区标准值 40%作为理想值，计算出其环境承载力相对剩余率为–0.6090。森林覆盖率为发展变量，即森林覆盖率越大，该区的生态环境质量越好。结果说明，草海自然保护区森林覆盖率还达不到标准，处于超载状态，需要采取措施提高森林覆盖率。

(3) 水土流失指数

据调查，草海水土流失面积有 31.44km²，占草海自然保护区陆地总面积的 41.36%，其中强度流失 3.13km²，轻度流失 22.29km²，对于某一区域而言，无明显侵蚀率越大，则水土流失量越小，生态环境承载力状况越好。因此，其理想值取 100%，即没有水土流失。计算可知草海自然保护区水土流失相对剩余率为–0.5865，表明草海自然保护区水土流失量严重超载，水土流失严重。大量的土壤随水进入草海，是导致草海变浅的主要原因，应加大草海自然保护区退耕还林的力度，提高森林覆盖率，降低水土流失率，保证草海永不消失。

7.2.3 草海湿地旅游环境承载力

旅游环境承载力的计算程序依次为：景区资料调查，通过对景区的详细调查，得出景区的布局和规模、游完每个景区所需平均时间、各景点的平均开放时间等；旅游环境承载力限制因子分析，综合考虑区域经济发展和旅游业发展，找出生态旅游环境承载力的限制因子，并据此选择适当的计算模型；单位游客占用合理承载力指数的确定，通过适当方式(如专家评估、类比借鉴等)确定单位游客应占用的合理生态旅游环境承载力；最后按所选取的模型计算出各景区的生态旅游环境承载力，包括各景区的瞬时承载力、日承载力和全部景区的年承载力。

目前，旅游环境承载力的计算模型主要以面积、长度和游乐设施作为限制性因子，旅游环境承载力计算模型有以下几类。

1) 以面积为限制性因子的计算模型为

$$E_1 = S \times O / A \times D$$

式中，E_1 为时段旅游环境承载力(人)；S 为游览区面积(m²)；O 为开放时间(h)；A 为人均占用的合理面积(m²/人)；D 为游览区停留时间，即游览本区所需要的时间(h)。当 O 为日有效开放时间时，E_1 为日生态旅游环境承载力；当 O 为年有效开放时间时，E_1 为年生态旅游环境承载力。

E_1 的瞬时值(E'_1)为

$$E'_1 = S/A$$

2) 以长度为限制性因子的计算模型为

$$E_2 = L \times O / L_O \times D$$

式中，E_2 为时段旅游环境承载力(人)；L 为游览线路长度(m)；O 为开放时间(h)；L_O 为游客之间的适当距离间隔(m/人)；D 为走完全程所需要的时间(h)。当 O 为日有效开放时间时，E_2 为日生态旅游环境承载力；当 O 为年有效开放时间时，E_2 为年生态旅游环境承载力。

E_2 的瞬时值(E'_2)为

$$E'_2 = L/L_O$$

3) 区域旅游环境承载力(E)计算模型为

$$E = \sum_{i=1}^{k_1} E_{1i} + \sum_{i=1}^{k_2} E_{2i} + \sum_{i=1}^{k_3} E_{3i}$$

式中，E_{1i}、E_{2i} 和 E_{3i} 分别为以面积、长度和游乐设施为限制性因子而计算的第 i 个景点的时段旅游环境承载力，开放时间 O 为年有效开放时间；k_1、k_2、k_3 分别为景点的个数。

1. 草海湿地旅游基础资料

根据威宁县相关资料，以及草海自然保护区现有主要景区、景点规模，各景点的有效开放时段 6~10h，游完每一景区的平均时间为 1~2h，单位游客占用合理承载力指标的确定是合理计算风景区旅游环境承载力极为关键的环节，根据各风景区、游憩点的特色和旅游价值，参照国内外有关资料，综合考虑影响旅游环境承载力的各因素，通过征求有关专家的意见对系数进行修正，得出草海自然保护区单位游客占用生态旅游环境承载力指标，具体见表 7-6。

表 7-6 草海国家级自然保护区游览区基础资料

景区景点名称	游览面积或线路长度	人(船)均占有面积或长度	开放时间/h	游览时间/h
草海自然保护区	游道 8km	200m(船距 200m)	10	2
观鸟点	1600m^2	20m^2	6	1
草海中游	1600m^2	20m^2	6	1
草海下游	1600m^2	20m^2	6	1
草海管理局	120m^2	2m^2	6	1

2. 草海湿地旅游环境承载力相对剩余率

考虑到草海在贵州省高海拔地区，又加上观鸟时间的限制，各旅游景区、景点旅游旺、淡季节分明，游客时间分布序列极为不均，通过表 7-6 计算出草海自然保护区游览区日环境容量为 3000(人·次)/天，进而计算出草海自然保护区游览区年环境容量，见表 7-7。

表 7-7 草海国家级自然保护区游览区年环境容量

旅游季节	天数	日容量/[(人·次)/天]	年容量/[(人·次)/年]
旺季	180	3 000	540 000
平季	100	3 000	300 000
淡季	60	3 000	180 000
合计			940 000

由表 7-7 可知，草海自然保护区每年可接纳 94 万人次，根据威宁县 2011 年统计，该年共计接待游客 184 万人次，环境承载力相对剩余率为 –0.4891，表明草海接纳的游客数已严重超载。

草海既是特有的旅游资源，又是国家重点保护的典型高原淡水湿地生态系统，在发展旅游业的同时，保护草海生态环境不被破坏，保持其生态功能是重中之重。

7.3 草海湿地综合环境承载力分析

通过从草海湿地人文环境承载力、自然环境承载力、旅游环境承载力三方面对草海湿地环境承载力进行全面分析。结果表明，草海湿地人文环境承载力、自然环境承载力、旅游环境承载力都处于严重超载状态。人文环境承载力方面，经济发展水平环境承载力相对剩余率为 –0.0293，人口密度和人均耕地面积相对剩余率分别为 –1.5306、–0.7619；自然环境承载力方面，湿地水环境承载力全年处于严重超载状态，丰水期和枯水期相对剩余率分别为 –0.3594、–0.2762，超载指标主要是 COD_{Mn}、TN 和 TP，生态环境承载力中生物多样性环境承载状况为可载，但森林覆盖率和水土流失指数都处于超载状态；草海湿地旅游环境承载力的相对剩余率为 –0.4891，草海每年接纳的游客数严重超载。

对草海湿地的环境承载力进行分析，可知现在草海发展存在的主要问题有：①不断增长的人口与草海争地的问题；②城镇发展带来的环境污染和治理问题；③旅游开发与湿地保护严重冲突的问题。这些问题严重阻碍着草海湿地甚至威宁县的可持续发展，如何保证在保护好草海湿地生态系统的前提下合理开发利用草海的资源，将是以后草海研究和保护的重点。

7.3.1 草海湿地环境承载力综合评价

根据区域环境承载力相对剩余率计量模型，本研究已计算出草海各单项指标的环境承载力相对剩余率(表 7-8)，但是从区域环境系统整体性出发，还必须求出草海整个区域的综合环境承载力，以便清楚地了解草海社会经济活动与其环境的整体协调程度。在综合考察各项指标后，可按我们在环境承载力理论部分提出的区域综合环境承载力相对剩余率计量模型求得草海综合环境承载力相对剩余率。其综合评价模型为

$$P = \sum_{i=1}^{m} P_i \cdot W_i + \sum_{j=1}^{n} P_j \cdot W_j$$

式中，P 为区域综合环境承载力相对剩余率；P_i 为某发展类单项指标的环境承载力相对剩余率；P_j 为某限制类单项指标的环境承载力相对剩余率；m 为指标体系中发展类变量的个数；n 为指标体系中限制类变量的个数；W_i、W_j 为各指标的权重。

表 7-8 各单项指标环境承载力相对剩余率

指标名称	各单项指标环境承载力相对剩余率
农民年人均纯收入	−0.21
人口密度	−0.52
人均耕地面积	−0.06
BOD_5	0.34
TN	−1.18
TP	0.24
NH_3-N	0.29
DO	0.31
COD_{Mn}	−0.49
生物多样性	0.29
森林覆盖率	−0.37
水土流失指数	−0.31

前文已计算出各单项指标的环境承载力相对剩余率(表 7-8)，因此，此处只需计算出各指标的权重，即可求出草海高原湿地的区域环境承载力相对剩余率。

7.3.2 指标权重的确定

在前文已计算出各单项指标的环境承载力相对剩余率，对于综合环境承载力相对剩余率的计算而言，最重要的是确定各指标的权重。对于模型中各具体指标的权重，本研究主要采用层次分析法来确定。层次分析法是美国著名运筹学家匹

兹堡大学教授 A. L. Saaty 在 20 世纪 70 年代提出的一种多目标、多准则的决策方法。它通过整理和综合各专家的经验判断,将各专家对某一事物的主观看法进行定量化。其基本原理是:运用系统分析法将复杂系统中的各因素通过分析划出有序的层次,确定层次间的隶属关系,构成一个多层次的分析结构模型,然后由有关专家对每一层次上的各指标通过两两比较确定它们的相对重要性,构成判断矩阵,通过计算判断矩阵的特征值与特征向量,确定该层次上各指标对其上层要素的贡献率,最后通过层次递阶技术,求得基层各指标对总体目标的贡献率。

层次分析法在进行指标权重分析中具有重要作用,这主要是由于该方法充分注重人类认识的经验在反映客观事物中的重要作用。尤其当做出判断的主体是被判断领域内具有丰富专业知识的专家学者时,得出的判断结果往往更接近事物的本来面貌。根据矩阵论的相关理论,将专家的判断定量化,能够非常好地反映被判断领域内各要素之间的相对重要性。

进行层次分析法赋权的基本步骤如下。

第一步:建立待估指标体系的递阶层次结构。

所谓递阶层次结构实际指对系统认识的一种方法,认识一个系统时,可以采取自下而上的认识方法,也可以采取自上而下的认识方法。无论是何种认识方法,最终都会对待估体系形成一个具有层次结构的大致框架。本研究在进行区域环境承载力评价指标体系构建过程中已采用此法,形成了指标体系的递阶层次结构,见表7-9。

表7-9 Saaty 的 1～9 比例标度法对应的定性意见定量化转换表

重要性比	定义	包含内容
1	同样重要	两个元素对某一属性有相同贡献
3	稍微重要	经验判断,一个元素对某一属性较之另一元素的贡献稍大
5	明显重要	经验判断,一个元素对某一属性较之另一元素的贡献明显大
7	重要得多	一个元素较之另一元素的主导地位已在实践中显示出来
9	极端重要	一个元素较之另一元素的主导地位是绝对的
2、4、6、8	两个相邻判断的折中	表示需要在两个判断之间折中时的定量标度
倒数	反比较	若元素 i 与元素 j 相比,其判断按上列标度定为 b,则 j 与 i 相比,必有判断标度为 $1/b$

第二步:构建判断矩阵。

建立待估指标体系的递阶层次结构之后,下一步就是在每一层次上构建该层次各指标相对于其上一层次某个指标的判断矩阵。

首先,采用问卷或直接调查的方式,向有关专家咨询对于某指标而言其下层的各指标对它的相对重要性如何。其次,获得专家对该指标的相对重要性的判断后，采用 Saaty 的 1~9 比例标度法将专家的定性评价意见定量化。具体转换标准见表 7-9。

根据前文所构建的指标体系结构，采用直接调查的方式，向有关专家咨询，并建立了表 7-10～表 7-14 的判断矩阵。

表 7-10　草海高原湿地环境承载力判断矩阵

环境承载力	人文环境	自然环境
人文环境	1	1/2
自然环境	2	1

表 7-11　草海人文环境承载力判断矩阵

人文环境承载力	经济发展	人口压力
经济发展	1	1/3
人口压力	3	1

表 7-12　草海自然环境承载力判断矩阵

自然环境承载力	大气环境	水环境	生态环境
大气环境	1	1/7	1/5
水环境	7	1	3
生态环境	5	1/3	1

表 7-13　草海人口压力判断矩阵

人口压力	人口密度	人均耕地面积
人口密度	1	1/3
人均耕地面积	3	1

表 7-14　草海生态环境承载力判断矩阵

生态环境承载力	生物多样性	森林覆盖率	水土流失指数
生物多样性	1	2	3
森林覆盖率	1/2	1	2
水土流失指数	1/3	1/2	1

7.3.3　综合环境承载力相对剩余率的计算

领域层指标是对各单项指标的进一步收敛，领域层环境承载力相对剩余率计算公式为

$$C_i = \sum_{i=1}^{m} W_i \times P_i + \sum_{j=1}^{n} W_j \times P_j$$

式中，C_i 为领域层指标评价值；P_i 为发展类单项指标 i 的环境承载力相对剩余率；P_j 为限制类单项指标 j 的环境承载力相对剩余率；W_i、W_j 为各单项指标的权重；m 为领域层指标下发展类单项指标的个数；n 为领域层指标下限制类单项指标的个数。

由此计算出各领域层的环境承载力相对剩余率，见表 7-15，由表 7-15 可以看出，除大气环境承载力外，其他领域层的环境承载力均处于超载状态，尤其是水环境承载力，已超出环境允许值的 37%，需加大治理力度。

表 7-15　各领域层环境承载力相对剩余率

领域层名称	环境承载力相对剩余率
经济发展水平	−0.24
人口压力指数	−0.19
大气环境承载力	0.84
水环境承载力	−0.37
生态环境承载力	−0.07

7.3.4　各准则层环境承载力分析

准则层指标是领域层各指标的进一步收敛，其计算公式为

$$B_i = \sum_{i=1}^{n} W_i \times P_i$$

式中，B_i 为准则层指标评价值；P_i 为领域层各指标环境承载力相对剩余率；W_i 为领域层各指标权重；n 为准则层的个数。由此计算出准则层的环境承载力相对剩余率，由表 7-16 可看出，本区域人文环境承载力和自然环境承载力均处于超载状态，其中人文环境承载力超过可载临界值 19%，而自然环境承载力超过可载临界值 16%。

表 7-16　各准则层环境承载力相对剩余率

准则层名称	环境承载力相对剩余率
人文环境承载力	−0.19
自然环境承载力	−0.16

7.3.5　草海区域综合环境承载力

草海区域环境承载力是目标层，它是准则层的进一步收敛，其计算公式为

$$A_k = \sum_{k=1}^{l} W_k \times P_k$$

式中，A_k为草海区域环境承载力相对剩余率；P_k为各准则层的环境承载力相对剩余率；W_k为各准则层相对于目标层的权重；l为是领域层指标下单项指标的个数。

由此计算出草海自然保护区的综合环境承载力相对剩余率为-0.1784，这表明草海高原湿地总的实际环境承载力已经超载，同时表明草海高原湿地这一区域内的社会经济活动与区域环境整体之间呈现不协调关系，因此，需采取措施降低其环境承载量或提高其环境承载力，否则将导致草海区域内发展的不可持续性。

第 8 章　草海湿地环境污染敏感性区域评价

8.1　草海湿地环境污染敏感性因子

8.1.1　自然环境因子

由于特殊的气候和自然条件的影响，水土流失状况十分严峻，草海生态环境非常脆弱，低水平的污染源强，也易形成严重的环境污染。研究表明，贵州是属于水土流失型的污染区。因此，自然环境因子是影响贵州省草海环境的重要因素。

自然环境因子主要包括耕地土壤养分含量、土壤侵蚀和地表径流等。土壤养分含量是影响营养物质输出能力的一个重要因子，土壤中养分含量越高，由水土流失带走的养分就越多，形成环境污染的可能性就越大。化肥的长期使用，加上贵州省化肥使用率低、化肥施用结构比例失调，必然使过量养分在土壤中不断富集，养分流失的潜在风险增加。土壤侵蚀与环境污染是密不可分的共生关系，土壤侵蚀往往是污染物流失的主要发生形式，且与被侵蚀的地表土壤相比，侵蚀泥沙中的养分往往会有较为明显的富集现象。地表径流是造成土壤侵蚀的主要驱动力，地表径流越大，土壤侵蚀加剧，吸附在泥沙中的营养成分和有毒有害物质(如重金属)流失越多。此外，也有一部分养分会随着地表径流进入水体。

根据多年气象资料，威宁县多年年均降雨量的80%集中于5~10月，而其中6~9月又是大雨和暴雨的集中期，容易形成大的地表径流和强度土壤侵蚀。但由于流域土壤侵蚀强度主要取决于植被的结构和覆盖率，因而自然因素对水土流失的影响较小。本研究为了使问题简化，关于土壤养分含量的研究选用全氮和有效磷含量两个指标，用贵州省水土流失面积比率来替代土壤侵蚀指标，用年均降雨量来替代地表径流指标。

8.1.2　污染源因子

结合贵州省的实际情况，污染源因子主要包括农业化学品(化肥、农药)的施用量、农业副产品还田量(畜禽粪尿)。农药和化肥的使用造成了贵州省农业土壤重金属污染加剧，因此将重金属污染也纳入污染源因子。又因为农药使用情况十分复杂，不易统计，暂不纳入指标体系，部分农民为了得到更多的土地而开垦湿地，而且种植粮食和蔬菜所使用的大量化肥、农药也成为草海主要水体污染物的来源之一。随意堆放在村落或农灌沟渠的畜禽粪尿最终随着地表径流流入草海，引起水体氨氮增加，溶解氧下降。

8.2 草海湿地环境污染敏感性评价方法

8.2.1 评价因子属性

(1) 农田化肥

草海镇农作物种植以马铃薯、玉米为主，加上部分蔬菜(如大白菜、萝卜、甘蓝等)和经济作物(如油料作物、麻类作物、烟叶和药材等)，粮食产量较低。草海自然保护区内的农业种植属于典型的传统农业，其种植业的比例高达95%。本研究中农业面源污染排放的污染物包括施用化肥流失和种植业排污两方面。经调查及参考威宁县统计局统计数据，草海镇2009年农用化肥施用量为2879t，其中氮肥998t、磷肥1668t、复合肥199t。

本书采用排污系数法(化肥污染物排放量=排污系数×化肥施用量)进行估算。由农田化肥产生的污染物排放量TN为131.67t，TP为25.76t。对于化肥污染源排放量指标，用投入密度来表示，即单位耕地面积的投入量。由于化肥等农业化学品的施用，中国现有的法律政策只要求合理科学施用，并没有一个具体的标准，本研究采用标准化后的值作为评价依据。

(2) 畜禽养殖

对于畜禽粪尿污染源排放量指标，用单位耕地粪尿负荷警报值 r(警报值 r=单位耕地粪尿负荷量/粪尿最大理论适宜量)表示。一般认为每年每公顷土地能够负荷的畜禽粪尿在30～45t，如果高出这一水平，就会带来土壤的富营养化，对环境产生影响。这里从环境风险的角度考虑，以30t为最大理论适宜量计算畜禽粪尿单位耕地面积负荷的警报值 r。最后，根据国家环境保护总局所推荐的警报值评价标准进行评价。

假设威宁县畜禽产生的粪尿有70%进入耕地，则单位耕地粪尿负荷量=粪尿排放总量×70%/耕地面积。粪尿排放总量=年排泄系数×畜禽数量；年排泄系数=日排泄系数×饲养天数(表8-1)。

表8-1 畜禽粪尿日排泄系数(kg/天)

污染源	猪	牛	羊
粪	4	34	1.5
尿	3.5	10	—
饲养天数	180	365	365

(3) 生活污水

草海湿地位于威宁县城南侧，长期以来，威宁县没有污水处理厂，城市生活污水中除人粪尿能够统一处理外，其他污水直接进入草海流域。此外，草海周边村落的生活污水均直接倾倒于房前屋后、田间地头，村落周围脏、乱、差的景象随处可见。另外，由于村落没有特定的垃圾堆放点，大量的垃圾被随意丢弃堆放在农田之间，其中不乏病死畜禽。每当夏季丰水期涨水时，这些被丢弃的垃圾就随着上涨的湖水而进入草海，破坏了草海的水生生态环境。经实地调查和查阅2009年威宁县草海镇人口统计数据资料，按照排污系数法(生活污水污染物排放量=人口数量×排污系数)(排污系数见表8-2)估算，每年城市和农村生活污水中，污染物的排放量分别为：COD 3505.40t、TN 493.17t、TP 91.51t。

表 8-2　生活污水(每人)的年排污系数(kg/a)

排污系数	农村生活污水	城镇生活污水	人粪尿
COD	5.84	7.3	19.8
TN	0.584	0.73	3.06
TP	0.146	0.183	0.524

(4)土壤性状与重金属

对于土壤养分指标，用全氮和有效磷两个指标来表示。研究表明，土壤中的氮能以溶解态和吸附态氮两种形式进入水体，所以用指标全氮能较好地表征氮素的实际流失量；土壤中的磷主要以吸附态流失，但进入水体导致富营养化的主要成分是有效磷，所以用指标有效磷能较好地表征磷的实际损失量。最后，参照国家土壤养分含量分级标准进行评价。

对于土壤侵蚀指标，采用水土流失面积比率作为替代指标，然后采用标准化后的值作为评价依据。

对于地表径流指标，采用年均降雨量作为替代指标，然后参照微水电资源的降雨量划分标准进行评价。

对于重金属污染指标，用重金属污染综合指数来表示，然后采用国家土壤重金属污染分级标准进行评价。

8.2.2　环境污染敏感性评价步骤

本研究运用多因子综合分析法进行污染敏感性评价，这种方法综合分析了影响污染物流失的主要因子，通过对各因子分级赋值并赋予不同的权重，以数学关系综合成一个多因子判别模型，对区域内的污染敏感性因子进行识别，基本的研究步骤如下。

1)收集研究区背景资料，对研究区实地调查和采样得到实测资料、数据，根据研究区特征，筛选、确定与环境污染物流失关系最密切的因子作为评价指标，建立环境污染的指标体系。

2) 在实地调查的基础上,通过专家评判法,确定各指标的权重。

3) 根据各指标确定的权重,计算出其相应的敏感性等级值。

4) 综合各敏感因子的等级值,通过多因子综合评价法,确定该地区综合污染敏感性等级值,并对其进行敏感等级评价。

8.2.3 环境污染敏感性评价指标权重

不同地区受到不同的自然条件和人类活动的影响,各指标对养分流失的重要性各不相同,即使是同一指标对不同养分流失的重要性也存在差异,在评价指标体系中应赋予不同的权重。权重的赋值目前较多采取专家评判法,但这具有一定的主观性,应根据实地监测的结果做相应的校准,使评价的指标及对应的权重能真实地反映各指标的相对贡献。污染敏感性等级一般分为 5 个等级(无、低、中、高、极高),基于当地的实际资料采用专家评判法分别赋予不同的值,不同的指数系统各个等级的赋存形式、大小可能不同。本研究在 W. J. Gburek 等于 2000 年提出的评价指标体系的基础上,结合贵州实际确定了各因子的权重(表 8-3)。

表 8-3 贵州农业环境污染敏感性评价指标体系

评价指标		权重值	污染敏感性评价等级分值				
			不敏感	轻度敏感	中度敏感	高度敏感	极敏感
			0.2	0.4	0.6	0.8	1.0
污染源因子评价指标	化肥	0.75	<0.2	0.2~0.4	0.4~0.6	0.6~0.8	0.8~1.0
	畜禽粪尿 r 值	0.75	<0.4	0.4~0.7	0.7~1.0	1.0~1.5	>1.5
	重金属	0.75	<0.7	0.7~1.0	1.0~2.0	2.0~3.0	>3.0
自然环境因子评价指标	土壤养分 全氮	1.0	<0.05	0.05~0.07	0.07~0.10	0.10~0.15	>0.15
	有效磷	1.0	3	3~5	5~10	10~20	>20
	水土流失面积比率	1.0	500	500~2500	2500~5000	5000~8000	8000~15000
	年均降雨量	1.0	<800	800~1000	1000~1200	1200~1500	>1500

注:化肥均指其单位耕地面积施用量标准化值;畜禽粪尿 r 值指畜禽粪尿单位耕地面积负荷的警报值 r;重金属是指经内梅罗综合污染指数法计算出的重金属综合污染指数值;全氮、有效磷是指采集的耕地土壤样本中全氮和有效磷的含量,单位分别为%、mg/kg。水土流失面积比率指水土流失面积占研究区域国土面积的比例,单位为%;年均降雨量是指一年中的降雨总量,单位为 mm

8.2.4 环境污染敏感性评价因子敏感等级指数

因为耕地面积的多少影响了农业化学品等的输入,但指标体系一般未体现耕地面积比例不同对污染的影响,所以本研究运用各地州市耕地面积占全省总面积比例对各地的敏感综合指数进行校正,校正后的指标体系更能反映贵州各地州市的实际状况。各因子按照相应的分级标准分为 5 级(不敏感、轻度敏感、中度敏感、高度敏感、极敏感),不同的因子对应有不同的等级分值。

8.2.5 环境污染敏感性等级综合评价

在确定污染敏感性因子敏感等级分值状况下,采用公式(8-1)来计算农业环境污染敏感性指数(I)(表 8-4)。

$$I = [\sum(S_iW_i)] \times [\sum(C_jW_j)] \times k \quad (8-1)$$

式中,S_i 为源因子评价指标 i 相应的等级分值;W_i 为源因子评价指标 i 相应的权重;C_j 为自然环境因子评价指标 j 相应的等级分值;W_j 为自然环境因子评价指标 j 相应的权重;k 为校正系数。

表 8-4 污染敏感性指数

I	<2	2~4	4~8	>8
敏感性等级	低	中等	高	极高

在公式(8-1)中,环境污染敏感性指数的计算是通过对源因子指标和自然环境因子指标加权求和后相乘,再乘以校正系数得出的,反映了自然环境因子对源因子的限制作用,强调了两者的相互作用,即相互制约和相互促进。

8.3 评价结果与分析

8.3.1 单因子敏感性特征

(1)水环境敏感性特征

草海水质在丰水期和枯水期的空间分布特征基本一致。草海码头综合污染指数最大,污染程度最为严重,草海为国家级旅游景点,参观和科考的人员众多,导致码头人为活动频繁,从湖面入口到湖中心污染指数依次递减。根据各点丰水期和枯水期的综合污染指数,按照最大最小值和等分原则,将研究区域划分为 4 级,Ⅰ级 0~2.5,Ⅱ级 2.5~5,Ⅲ级 5~7.5,Ⅳ级 7.5~10,污染程度依次递增。草海丰水期和枯水期的水质级别空间分布见表 8-5,枯水期总体水质较差。根据各个国控点综合指数大小将湖区划分为 3 个水功能区,草海码头综合污染指数最大,为污染控制区;胡叶林、湖面出口和湖面中心污染状况与其他点相比较好,为生态恢复区;阳关山、湖面入口、入口中段污染状况未达到最差,但范围广,影响因素复杂,为综合改善区(表 8-5)。

表 8-5 草海水质综合污染指数

地点	丰水期 污染指数	丰水期 水质综合污染指数级别	枯水期 污染指数	枯水期 水质综合污染指数级别	水功能区
草海码头	9.29	IV	8.74	IV	污染控制区
湖面入口	7.45	III	7.93	IV	综合改善区
入口中段	4.75	II	3.82	II	综合改善区
湖面中心	2.68	II	2.92	II	生态恢复区
湖面出口	3.76	II	3.92	II	生态恢复区
阳关山	6.99	III	7.53	IV	综合改善区
胡叶林	3.86	II	3.71	II	生态恢复区

(2) 土壤环境敏感性特征

草海周围农用地土壤重金属元素的单因子污染指数为 Cd＞Hg＞Zn＞Pb=As＞Cu＞Cr(表 8-6)，其中 Cd、Hg 达到重污染水平，Zn 为中度污染，Pb 和 As 为轻度污染；草海周围沼泽草地土壤重金属元素的单因子污染指数为 Cd＞Hg＞Zn＞As＞Pb＞Cr＞Cu，其中 Cd、Hg 达到重污染水平，Zn 为中度污染；草海周围林地土壤重金属元素的单因子污染指数为 Cd＞Zn＞Hg＞As＞Cr＞Cu＞Pb，其中 Cd、Hg、As 和 Zn 达到轻度污染水平。

表 8-6 草海土壤污染指数

采样点	单因子污染指数 Cd	Cr	Pb	Hg	As	Cu	Zn	HCH	DDTs	综合污染指数	敏感等级
农用地	5.89	0.53	1.04	3.45	1.04	0.79	2.23	0.06	0.17	3.47	中等
林地	1.88	0.58	0.26	1.55	1.09	0.42	1.57	0.10	0.21	1.18	低
沼泽草地	4.98	0.62	0.75	3.64	0.97	0.57	2.19	0.06	0.06	2.32	中等

草海湿地各类土壤中重金属含量的分布规律：Cd、Zn 表现为底泥＞农用地＞沼泽草地＞林地；Cr 表现为沼泽草地＞林地＞农用地＞底泥；Pb、Cu 表现为农用地＞底泥＞沼泽草地＞林地；Hg 表现为底泥＞沼泽草地＞农用地＞林地；As 表现为林地＞农用地＞沼泽草地＞底泥。

草海湿地各类土壤中 OCP 含量的分布规律：农用地＞底泥＞沼泽草地＞林地。其中，HCH 含量的分布规律为农用地＞底泥＞沼泽草地＞林地；DDTs 含量的分布规律为农用地＞沼泽草地＞底泥＞林地。草海湿地土壤中的 HCH 和 DDTs 含量较低，尚未对土壤造成污染，对生物造成的负面影响也较小。

从敏感等级来看，草海周边农用地和沼泽草地属于中等敏感区，由于长期频繁的人为活动，土壤养分失衡，土壤污染物加重，因此对生态环境气候调节、土壤环境物质流动等的调节能力降低；林地属于低等敏感区，表明林地具备丰富的生物多样性、很强的系统承载力、环境容量大，有利于气候调节、空气净化、物质循环和能量流动。

8.3.2 草海湿地环境污染敏感性综合评价

对贵州草海湿地环境污染敏感等级进行综合评价，草海综合污染指数 I 为 3.82，达到中度敏感等级。从草海各部位来看(表 8-7)，草海码头、湖面入口综合污染指数分别为 4.76 和 4.24，都超过 4，达到高度敏感等级。其余各部位综合污染指数均为 1~3，入口中段和湖面中心污染指数低于 2，属于轻度污染。在草海自然保护区环境污染综合污染指数空间变化中，草海码头综合污染指数最高，污染程度最为严重，从湖面入口到湖面中心综合污染指数依次递减。

表 8-7 草海湿地环境污染敏感性评价结果

项目		草海码头	湖面入口	入口中段	湖面中心	湖面出口	阳关山	胡叶林	草海
校正系数 k		0.6	0.6	1	0.6	0.7	0.7	1	0.7
化肥	单位面积负荷量	44.45	36.32	28.30	36.12	24.36	28.40	31.2	34.80
	标准化	1.00	0.60	0.21	0.59	0.02	0.21	0.35	0.53
	等级值	1	0.6	0.4	0.6	0.2	0.4	0.4	0.6
畜禽粪尿	单位负荷量	31.78	36.95	31.96	48.42	41.36	36.96	4.03	30.04
	警报值	1.06	1.23	1.07	1.61	1.38	1.23	0.30	1.00
	等级值	0.6	0.8	0.6	1	0.8	0.8	0.4	0.6
重金属	综合指数	3.11	1.57	1.48	1.19	1.94	1.17	36.29	0.97
	等级值	1	0.6	0.6	0.4	0.8	0.4	1.21	0.4
污染源因子等级值		2.7	1.8	1.5	1.95	1.5	1.5	1.35	0.8
N	全氮	0.12	0.09	0.04	0.09	0.03	0.10	2.95	0.06
	等级值	1	0.6	0.2	0.6	0.2	0.6	1	0.4
P	有效磷	12.73	9.5	9.96	10.35	7.42	10.2	1.95	7.1
	等级值	0.8	0.6	0.6	0.8	0.6	0.8	0.06	0.6
降雨量	年降雨量	1300.9	1300.9	1300.9	1300.9	1300.9	1300.9	1300.9	1300.9
	等级值	0.6	0.8	0.6	0.8	0.8	0.8	41.5	0.4
自然环境因子等级值		3	3	2.2	2.8	2.6	2.8	2	0.8
综合污染指数		4.76	4.24	1.3	1.28	2.73	2.94	2.77	3.25

注：化肥中的单位面积负荷量单位为斤[①]/亩；有效磷含量单位为 mg/kg；年降雨量单位为 mm

[①] 1 斤=0.5kg

草海自然保护区的环境污染主要受社会因素影响，污染物来源主要是草海周边农田化肥、周边村落畜禽养殖所产生的粪尿和居民的生活污水。城市人口密度增大，生活和农业污水直接排入湖中，严重影响草海自身调节环境能力的功能，导致污染严重。

参 考 文 献

曹芳平, 邹峥嵘. 2009. 基于 GIS 技术的河流水质评价系统的设计与实现. 测绘科学, 34(1): 192-193.
陈彬, 胡利民, 邓声贵, 等. 2011. 渤海湾表层沉积物中有机碳的分布与物源贡献估算. 海洋地质与第四季地质, 31(5): 37-42.
陈仁杰, 钱海雷, 袁东, 等. 2010. 改良综合指数法及其在上海市水源水质评价中的应用. 环境科学学报, 30(2): 431-437.
陈晓宏, 江涛, 陈俊合. 2007. 水环境评价与规划. 北京: 中国水利水电出版社: 394-396.
陈毅凤, 张军, 万国江. 2001. 贵州草海湖泊系统碳循环简单模式. 湖泊科学, (1): 15-20.
丁喜桂, 叶思源, 高宗军. 2005. 近海沉积物重金属污染评价方法. 海洋地质动态, 21(8): 31-36.
方红卫, 孙世群, 朱雨龙, 等. 2009. 主成分分析法在水质评价中的应用及分析. 环境科学与管理, 34(12): 152-154.
冯旭, 胡拥军, 王瑜, 等. 2010. 实验动物生产与使用中的环保措施初探. 医学动物防制, 26(12): 1173, 1175.
高海勇. 2007. 模糊评价法在东湖水环境质量评价中的应用. 科技情报开发与经济, 17(23): 159-160.
高惠璇. 2002. 两个多重相关变量组的统计分析(3)(偏最小二乘回归与 PLS 过程). 数理统计与管理, (3): 58-64.
邰红建, 蒋新, 王芳, 等. 2009. 蔬菜不同部位对 DDTs 的富集与分配作用. 农业环境科学学报, 28(6): 1240-1245.
耿侃, 宋春青. 1990. 贵州草海自然环境保护与自然资源开发. 北京师范大学学报(自然科学版), (1): 84-90.
龚香宜, 王焰新. 2003. 污染水中营养物质去除的新技术探讨. 安全与环境工程, (4): 46-48, 52.
管佳佳, 洪天求, 贾志海, 等. 2008. 巢湖烔炀河水质评价及主成分分析. 安徽建筑工业学院学报(自然科学版), (3): 89-93.
贵州科学院生物研究所. 1986. 草海科学考察报告. 贵阳: 贵州人民出版社: 12.
郭天印, 李海良. 2002. 主成分分析在湖泊富营养化污染程度综合评价中的应用. 陕西工学院学报, (3): 63-66.
贺璐璐, 宋建中, 于赤灵, 等. 2008. 珠江三角洲 4 种代表性土壤/沉积物中自由态与结合态有机氯农药的含量与分布特征. 环境科学, 29(12): 3462-3468.
黄东亮. 2001. 我国饮用水源水质评价的新方法. 水文, 21(增刊): 62-64.
黄国勤, 王兴祥, 钱海燕, 等. 2004. 施用化肥对农业生态环境的负面影响及对策. 生态环境, (4): 656-660.
黄永东, 黄永川, 于官平, 等. 2011. 蔬菜对重金属元素的吸收和积累研究进展. 长江蔬菜, (10): 1-6.
解岳, 陈霄, 黄廷林, 等. 2005. 北方城市供水水源藻类高发特征及其影响因素探讨. 西安建筑科技大学学报(自然科学版), (2): 184-188.
金菊良, 魏一鸣, 丁晶. 2001. 水质综合评价的投影寻踪模型. 环境科学学报, 21(4): 431-434.
金相灿, 等. 1995. 中国湖泊环境(第一册). 北京: 海洋出版社: 167.
金玉善. 2010. 人参及种植土壤中有机氯农药的残留//持久性有机污染物论坛 2010 暨第五届持久性有机污染物全国学术研讨会论文集. 南京: 52-53.
李凡修, 陈武, 梅平. 2004. 浅层地下水环境质量评价的综合指数模型. 地下水, 26(1): 36-37.
李凤山. 2007. 自然保护与社区发展——草海的战略和实践续集. 贵阳: 贵州民族出版社: 17.
李宁云, 田昆, 肖德荣, 等. 2007. 草海保护区功能分区与生态环境变化的关系研究. 水土保持研究, (3): 67-69.
李任伟. 1998. 沉积物污染和环境沉积学. 地球科学进展, 13(4): 398-402.
李亚松, 张兆吉, 费宇红, 等. 2009. 内梅罗指数评价法的修正及其应用. 水资源保护, 25(6): 48-50.
李祚泳. 1997. 环境质量综合指数的余分指数合成法. 中国环境科学, 17(6): 554-556.
刘凤英. 2005. 草海湿地生态系统影响因素分析. 贵州环保科技, 11(4): 34-37.

刘沛. 2014. 贵州威宁草海地区岩溶水文地质条件及岩溶水资源评价研究. 成都理工大学硕士学位论文.
刘小楠, 崔巍. 2009. 主成分分析法在汾河水质评价中的应用. 中国给水排水, 25(18): 105-108.
刘昕, 刘开第, 李春杰, 等. 2009. 水质评价中的指标权重与隶属度转换算法. 兰州理工大学学报, 35(1): 63-66.
刘燕, 吴文玲, 胡安焱. 2005. 基于熵权的属性识别水质评价模型. 人民黄河, 27(7): 18, 19, 27.
刘征, 刘洋. 2005. 水污染指数评价方法与应用分析. 南水北调与水利科技, 3(4): 35-37.
吕晓霞, 翟世奎, 牛丽凤. 2005. 长江口柱状沉积物中有机质 C/N 比的研究. 环境化学, 24(3): 255-259.
马玉杰, 郑西来, 李永霞, 等. 2009. 地下水质量模糊综合评判法的改进与应用. 中国矿业大学学报, 38(5): 745-750.
毛建华. 2005. 正确认识化肥的重要作用. 天津农业科学, (2): 1-3.
门宝辉, 梁川. 2005. 基于变异系数权重的水质评价属性识别模型. 哈尔滨工业大学学报, 37(10): 1373-1375.
南淑清, 周培疆, 戎征, 等. 2009. 典型农业生产功能区土壤中六六六、滴滴涕类农药残留及其异构体分布. 中国环境监测, 25(6): 81-84.
潘晓黎, 黄小华, 严国奇, 等. 2004. 地表水模糊综合评价中隶属度的图算方法. 安全与环境学报, 6(4): 11-13.
彭德海, 吴攀, 曹振兴, 等. 2011. 赫章土法炼锌区水-沉积物重金属污染的时空变化特征. 农业环境科学学报, 30(5): 979-985.
齐建文, 李矿明, 黎育成, 等. 2012. 贵州草海湿地现状与生态恢复对策. 中南林业调查规划, 31(2): 39-41.
钱君龙, 王苏民, 薛滨, 等. 1997. 湖泊沉积研究中一种定量估算陆源有机碳的方法. 科学通报, 42(15): 1655-1658.
钱晓莉. 2007. 贵州草海汞形态分布特征研究. 西南大学硕士学位论文.
屈遐. 2001. 贵州草海危机重重. 中国环境报[2001-8-30].
任婷. 2010. 兰州地区典型持久性有机污染物环境行为初探. 兰州大学硕士学位论文.
任晓冬, 等. 2005. 自然保护与社区发展——来自草海的经验. 贵阳: 贵州科技出版社: 7.
宋春然, 何锦林, 谭红, 等. 2005. 贵州农业土壤重金属污染的初步评价. 贵州农业科学, 33(2): 13-16.
宋书巧, 吴欢, 黄胜勇. 1999. 重金属在土壤——农作物系统中的迁移转化规律研究. 广西师院学报(自然科学版), (4): 87-92.
宋稳成, 单炜力, 叶纪明, 等. 2009. 国内外农药最大残留限量标准现状与发展趋势. 农药学报, 11(4): 414-420.
孙宝权, 董少杰, 邵作玖, 等. 2009. 探讨模糊评价法在水质评价中的应用. 水利与建筑工程学报, 7(3): 127, 128, 141.
孙可, 刘希涛, 高博, 等. 2009. 北京通州灌区土壤和河流底泥中有机氯农药残留的研究. 环境科学学报, 29(5): 1087-1093.
孙世群, 方红卫, 朱雨龙, 等. 2010. 模糊综合评判在淮河安徽段干流水质评价中的应用. 环境科学与管理, 35(1): 159-161.
田景环, 邱林, 柴福鑫. 2005. 模糊识别在水质综合评价中的应用. 环境科学学报, 25(7): 950-953.
王博, 韩合. 2005. 内梅罗指数法在水质评价中的应用及缺陷. 中国城乡企业卫生, 6: 16-17.
王崇臣, 李曙光, 黄忠臣. 2009. 公路两侧土壤中铅和镉污染以及存在形态分布的分析. 环境污染与防治, 31(5): 80-82.
王国栋. 2008. 科学发展观审视下的贵州草海自然保护区与其周边社区的发展探究. 贵州师范大学硕士学位论文: 82-87.
王文强. 2008. 综合指数法在地下水水质评价中的应用. 水利科技与经济, 14(1): 54-55.
王旭. 2009. 哈尔滨市土壤与大气中 OCPs 和 BFRs 分布特征及源汇分析. 哈尔滨工业大学博士学位论文.
王学军, 马廷. 2000. 应用遥感技术监测和评价太湖水质状况. 环境科学, 21: 65-68.

王英辉, 祁士华, 龚香宜, 等. 2008. 排湖表层沉积物中有机氯农药分布特征和生态风险. 桂林工学院学报, (3): 370-374.

威宁县统计局. 2009. 威宁县统计年鉴. 贵阳: 贵州人民出版社: 183-185.

魏中青, 刘丛强, 梁小兵, 等. 2007. 贵州红枫湖地区水稻土多氯联苯和有机氯农药的残留. 环境科学, 28(2): 255-260.

邬畏, 何兴东, 周启星. 2010. 生态系统氮磷比化学计量特征研究进展. 中国沙漠, 30(2): 296-302.

肖军, 秦志伟, 赵景波. 2005. 农田土壤化肥污染及对策. 环境保护科学, (5): 36-38.

邢新丽, 祁士华, 张凯, 等. 2009. 地形和季节变化对有机氯农药分布特征的影响: 以四川成都经济区为例. 长江流域资源与环境, 18(10): 986-991.

徐成汉. 2004. 等标污染负荷法在污染源评价中的应用. 长江工程职业技术学院学报, 21(3): 23, 50.

徐松, 高英. 2009. 草海湖泊湿地水环境污染现状及可持续利用研究. 环境科学导刊, 28(5): 33-36.

徐祖信. 2005. 我国河流综合水质标识指数评价方法研究. 同济大学学报, 33(4): 482-488.

薛源, 杨永亮, 万奎元, 等. 2011. 沈阳市细河周边农田土壤和大气中有机氯农药和多氯联苯初步研究. 岩矿测试, 30(1): 27-32.

闫欣容. 2010. 修正的内梅罗指数法及其在城市地下饮用水源地水质评价中的应用. 地下水, 32(1): 6-7.

阳贤智, 李景锟, 廖延梅. 1990. 环境管理学. 北京: 高等教育出版社: 317-319.

杨波, 储昭升, 金相灿, 等. 2007. CO_2/pH对三种藻生长及光合作用的影响. 中国环境科学, 27(1): 54-57.

杨大杰. 2008. 官厅水库水体氮污染特征分析. 水环境治理, 9: 51-53.

杨昆, 孙世群. 2007. 淮南市大气环境质量的模糊综合评价. 合肥学院学报(自然科学版), 17(2): 90-93.

杨文, 刘威德, 陈大舟, 等. 2010. 四川西部山区土壤和大气有机氯污染物的区域分布. 环境科学研究, 23(9): 1108-1114.

叶飞, 卞新民. 2005. 江苏省水环境农业非点源污染"等标污染指数"的评价分析. 农业环境科学学报, (S1): 137-140.

余未人. 2002. 亲历沧海桑田——草海生态及历史文化变迁. 北京: 中国文联出版社: 11.

袁旭, 赵为武, 王萍. 2013. 贵州草海农业土壤重金属污染的生态危害评价. 贵州农业科学, 41(11): 190-193.

袁旭音, 许乃政, 陶于祥, 等. 2003. 太湖底泥的空间分布和富营养化特征. 资源环境与调查, 24(1): 21-28.

张福金. 2009. 典型科研农田土壤中有机氯农药残留及其生物有效性研究. 内蒙古大学硕士学位论文.

张海秀, 蒋新, 王芳, 等. 2007. 南京市城郊蔬菜生产基地有机氯农药残留特征. 生态与农村环境学报, 23(2): 76-80.

张华海, 李明晶, 姚松林. 2007. 草海研究. 贵阳: 贵州科技出版社: 5.

张欣莉, 丁晶, 李祚泳, 等. 2000. 投影寻踪新算法在水质评价模型中的应用. 中国环境科学, 20(2): 187-189.

张运林, 杨龙元, 秦伯强, 等. 2008. 太湖北部湖区COD浓度空间分布及与其他要素的相关性研究. 环境科学, 29(6): 1457-1462.

中国环境监测总站. 1990. 中国土壤元素背景值. 北京: 中国环境科学出版社: 330-381.

朱青, 周生路, 孙兆金, 等. 2004. 两种模糊数学模型在土壤重金属综合评价中的应用与比较. 环境保护科学, 123(30): 53-57.

朱晓华, 杨永亮, 路国慧, 等. 2010b. 崇明岛东北部表层土壤及近地表大气中HCHs DDTs污染及土-气交换. 农业环境科学学报, 29(3): 444-450.

朱晓华, 杨永亮, 路国慧, 等. 2010a. 广州市海珠区有机氯农药污染状况及其土-气交换. 岩矿测试, 29(2): 91-96.

Dokulil M, Chen W, Cai Q. 2000. Anthropogenic impacts to large lakes in China: the Tai Hu example. Aquatic Ecosystem Health and Management, (3): 81-94.

Gbure R W J, sharpley A N, Healthwaite L, et al. 2000. Phosphorus management at the watershed scale: A modification of the phosphorus index. Journal of Environmental Quality, 29: 130-144.

Hakanson L. 1980. An ecological risk index for aquatic pollution control—A sedimentological approach. Water Research, 14: 975-1001.

Hitch R K, Day H R. 1992. Unusual persistence of DDT in some western USA soils. Bull Environ Contam Toxicol, 48: 259-264.

Jing P, Jia H F. 2009. Analysis for GIS and model integration in the groundwater quality assessment on watershed. Resources and Environment in the Yangtze Basin, 18(3): 248-253.

Long E R, Macdonald D D, Smith S L, et al. 1995. Incidence of adverse biological effects within ranges of chemical concentration in marine and estuarine sediments. Environmental Management, 19(1): 81-97.

Malandrino M, Abollino O, Giacomino A. 2006. Adsorption of heavy metals on vermiculite: Influence of pH and organic ligands. Journal of Colloid and Interface Science, 229(2): 537-546.

Park J S, Wade T L, Sweet S T, et al. 2002. Atmospheric deposition of PAHs, PCBs, and Organochlorine pesticides to Corpus Christi Bay, Texas. Atmos Environ, 36(10): 1707-1720.

Tomlinson D L, Wilson J G, Harris C R, et al. 1980. Problems in the assessment of heavy-metal levels in estuaries and the formation of a pollution index. Helgoländer Meeresuntersuchungen, 33(1): 566-575.

Varol M, Şen B. 2009. Assessment of surface water quality using multivariate statistical techniques: a case study of Behrimaz Stream, Turkey. Environ Monit Assess, 159: 543-553.

Zandbergen P A, Hall K J. 1998. Analysis of the British Columbia water quality index for watershed mangers: a case study of two small watersheds. Water Quality Research Journal, 33(4): 519-550.

Zhang Y, Guo F, Meng W, et al. 2009. Water quality assessment and source identification of Daliao River basin using multivariate statistical methods. Environ Monit Assess, 152: 105-121.